자연과학연구원

되었을까?

"도움을 주신 자연과학 연구원들을 소개합니다"

해양생물학
김일훈 연구원

- 현)국립해양생물자원관 연구원
- 강원대학교 생명과학과 박사
- 강원대학교 생명과학과 석사
- 인하대학교 생명과학과

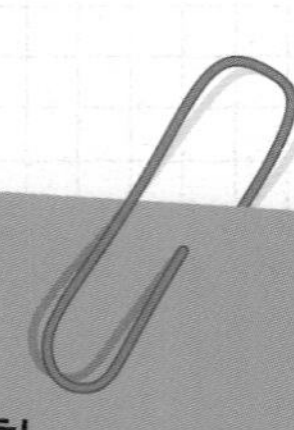

천문학
강성주 연구원

- 현)한국천문연구원(포스트닥터)
- 아이오와 주립대학 천체물리학 박사
- 텍사스 오스틴대 천문학 및 우주과학 학사
- 대원외국어고등학교

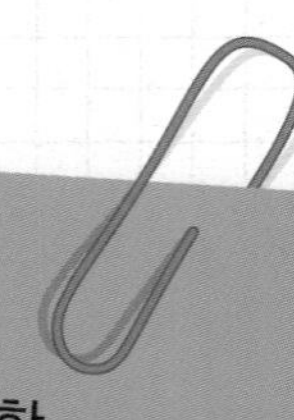

화학
한지수 연구원

- 현)한국과학기술연구원 (포스트닥터)
- 한국화학연구원
- 고려대학교 화공생명공학과 대학원 석·박사
- 대전국립한밭대학교 신소재공학과 졸업

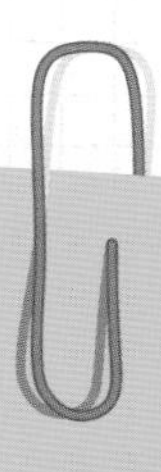

물리학

윤미영 교수

- 현)단국대학교 연구원
- 나노센서바이오연구소 연구원
- 단국대학교 응용물리학과 석·박사
- 단국대학교 응용물리학과 학사

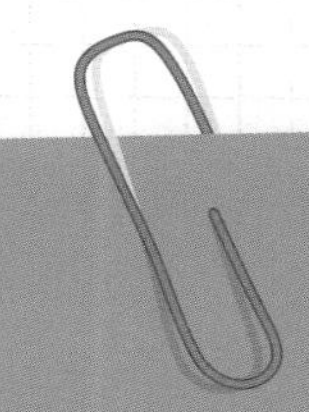

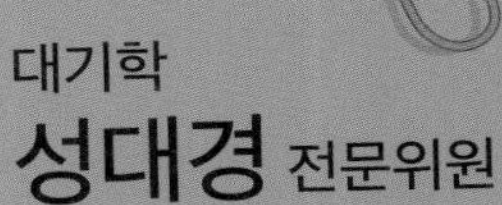

대기학

성대경 전문위원

- 현)환경부 국립환경과학원 대기질통합예보센터
- 한국환경정책평가연구원
- 한국해양연구소 부설 극지연구소 남극세종과학기지 대기과학 월동대원
- 강릉원주대학교 대기환경과학과 일반대학원
- 강릉원주대학교 대기환경과학과

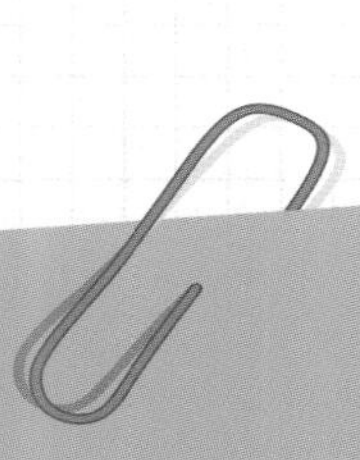

생명과학

홍세미 연구원

- 현)광주과학기술원 (위촉연구원)
- 제약회사연구원 (전임연구원)
- 전남대학교 생물과학생명기술학과 석사과정
- 전북대학교 섬유소재시스템공학과 전공

이 책의 구성

Chapter 1

자연과학연구원, 어떻게 되었을까?

Chapter 2

자연과학연구원의 생생 경험담

Chapter 3

예비 자연과학연구원 아카데미

자연과학연구원,

어떻게 되었을까?

자연과학연구원이란?

자연과학연구원은

물리학, 화학, 생명과학, 대기학 등 다양한 자연과학 분야의
기초이론과 응용에 관해 연구하고 분석하는 자이다.

'자연과학연구원'은 물리학, 화학, 생명과학 등 분야에 따라 다양하게 구분된다. 이들은 다양한 자연과학을 연구하여 개념, 이론 및 운영 방법을 개선하거나 개발하고, 과학적인 논문 및 보고서를 작성한다.

또한 자연과학의 원리와 기법을 산업 분야에 응용할 수 있도록 조언하며, 수학, 통계학 이론을 연구하여 과학, 공학, 사회과학과 같은 분야의 문제 해결을 위해 수학이나 통계학적 기술을 개발하고 응용하는 직업이다.

출처: 커리어넷

자연과학연구원의 종류

출처: 워크넷

1

물리학 연구원

자연현상을 관찰·실험하여 물리학의 원리·기법을 연구·개발하고, 산업, 의료, 군사 등 다양한 분야에 응용할 수 있는 방안을 연구한다.

수행직무

- 다양한 과학적 장비를 사용하여 물질의 구조적 특성, 에너지의 변환 및 전달, 물질과 에너지와의 관계 및 기타 물리학적 현상을 관찰·실험한다.
- 고형물질의 구조와 특성을 조사하기 위해 온도, 압력, 응력 등 제반 환경조건을 변화시켜 실험·시험하고 반응을 연구·분석한다.
- 물질에 관한 물리학적 검증 절차를 고안한다.
- 수학적 기법과 모델을 이용하여 조사 및 실험 결과를 평가하고 결론을 공표한다.
- 물리학 논문 및 보고서를 작성한다.
- 물리학의 특정분야를 전문으로 연구하기도 한다.

2

화학 연구원

생산, 공정개발, 품질관리 및 정량분석 또는 분석방법의 개발, 새로운 생산물과 도구들의 산출 등을 목적으로 액체, 고체 기체 및 화합물질에 관한 연구, 분석, 종합 또는 실험을 수행한다.

수행직무

- 물질의 성분 특성 및 상호작용을 연구하고, 열 및 압력 등의 물리적 요인의 변화에 대한 반응을 측정, 물질의 변환을 통한 새로운 물질 창조 과정을 연구한다.
- 분광학 및 분광광도 측정법 등의 기술을 이용하여 화학적인 특성 및 무기화합물을 분석한다.
- 열, 빛, 에너지 및 화학적인 촉매를 도입하여 물질의 구성을 변화시킨다.
- 페인트, 플라스틱, 유리, 직물, 금속, 접착물, 가죽, 염료, 세제 또는 석유 등의 생산물에 관한 연구를 수행한다.
- 물질 및 화합물의 분자적 및 화학적 특성 관계를 연구한다.
- 화학 논문 및 보고서를 작성한다.

3

생물학 연구원

모든 형태의 생명체에 대하여 그 기원, 발달, 해부, 기능관계 및 기타 원리를 연구하며 의학, 농업 등의 분야에 적용할 수 있는 방안을 연구한다.

수행직무

- 생명체의 기원, 발전, 구조, 분포, 환경, 상호관계 및 기타 생활방식에 대한 현지조사 및 실험실연구를 한다.
- 자연환경에서 생물의 생태특징과 행동을 관찰한다.
- 표본을 수집·검사·분류·보관하고, 질병 및 기타 문제의 연구를 보조한다.
- 통계학적 기술을 이용해서 획득된 자료를 조정·분석·평가하고, 의학, 농업, 약품제조 등의 분야에 사용하기 위한 발견 및 추정사항에 대한 보고서를 작성한다.

4

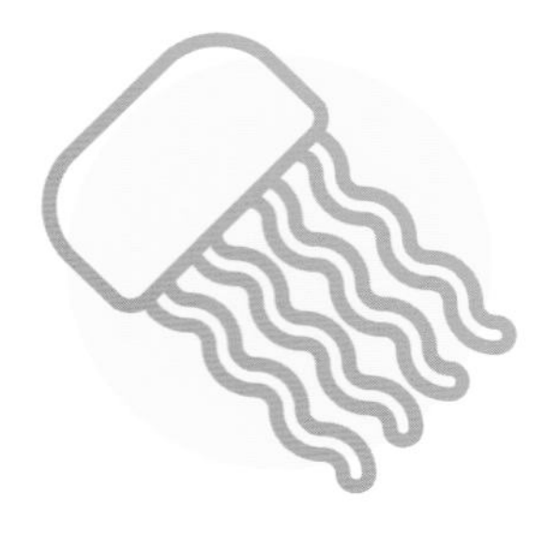

해양과학 연구원

해양과학기술 및 해양 정책에 관한 연구수행과 그 성과를 보급하며, 해양자원개발과 해양환경보전을 위한 연구를 한다.

수행직무

- 한반도 주변해역과 북서태평양의 해양 물리적 특성을 조사한다.
- 해수순환과의 역학구조를 규명한다.
- 해양환경보전, 기후환경변화, 해양오염방지 등의 연구를 한다.
- 주변 해역의 해양 화학적 특성을 규명한다.
- 해양생물로부터 신물질을 개발하기 위한 연구를 한다.
- 해양생태계 구성요인의 시·공간적 변화와 이들 간의 상호관계를 규명한다.
- 해양생물환경보전, 해양생물자원의 합리적 관리기법, 생물공학을 이용한 유용생물의 생산성 향상에 관한 연구를 한다.
- 해양지질환경의 변화와 해저자원 개발을 위한 기초 및 응용과학에 대한 조사·연구를 한다.
- 해양에너지 자원 및 공간자원의 개발과 이용에 관련된 공학기술을 연구·개발한다.
- 연안환경요소의 변화양상 및 예측기술을 개발한다.
- 연안재해 예보 및 방제 기술을 개발한다.

5

천문 및 기상학 연구원

천체와 지구대기의 물리적 특성 및 그것에 미치는 요인을 관찰·해석하고, 연구결과를 기초과학이나 항해, 기상예보 등 실제적인 문제에 적용한다.

[천문학 연구원]

수행직무

- 광학망원경, 전파망원경 등의 기구를 사용하여 천체현상을 관찰하거나 인공위성 등을 통해 수집된 관측 자료를 분석하여 이론을 개발한다.
- 천문학기기의 개발과 한국우주전파관측망 등 시스템을 구축한다.
- 달력 발간을 위한 월력요항을 발표를 하고, 일월 출몰 시각, 각 행성의 위치 출목시각, 음양력 대조표 등을 수록한 역사를 발간한다.
- 우리나라 고대 천문유물의 복원, 고대 천문 관련 기록에 관한 연구를 수행한다.
- GPS를 이용한 지구자전, 지각운동, 대류층 및 이온층 등에 관한 연구를 수행한다.

[기상학연구원]

수행직무

- 대기의 구조, 수치예보 모형, 해양기상 및 태풍에 관하여 연구한다.
- 해양기상 관측을 위해 설치된 장비로부터 각종 관측 자료를 수집한다.
- 위성, 레이더 등 원격탐사에 의한 활용기술과 예보적용에 관하여 연구한다.
- 원격탐사 장비의 특성과 중규모 기상현상 및 구름물리에 관하여 연구한다.
- 이동식 기상레이더의 운영 및 고층대기에 관하여 연구한다.
- 환경·수문(水文)·농업·생물기상, 대기난류, 대기화학, 기후변화 등 응용기상에 관하여 연구한다.
- 기상측기의 정밀도 향상 등 기상계측 기술개발에 관하여 연구한다.

6

지질학 연구원

지구상에서 일어나는 제 현상을 지구 작용의 원리(지각, 맨틀 및 핵 그리고 이와 연계된 지구 구성 물질의 특징과 생성, 소멸 및 순환)를 근간으로 하여 연구한다.

7

수학 및 통계 연구원

수학 또는 통계학 이론을 연구하고 과학, 공학, 사업 및 사회과학과 같은 분야의 문제 해결을 위해 수학이나 통계학적 기술을 개발하고 응용한다.

자연과학연구원의 자격 요건

어떤 특성을 가진 사람들에게 적합할까?

- 새로운 것에 대한 탐구정신과 호기심, 창의성, 관찰력이 있어야 한다.
- 물질의 기본 특성 및 이론적 개념을 이해해서 논리적 판단을 할 수 있는 지적 능력과 꼼꼼한 관찰력이 있어야 한다.
- 문제해결을 위한 논리적 사고 및 분석력이 있어야 한다.
- 실험기기를 컴퓨터와 연결하여 실험 및 검사, 분석이 이루어지므로 컴퓨터 및 정밀기기 활용 능력이 있어야 한다.
- 기준이나 법칙을 정하고 그에 따라 사물이나 행위를 분류할 수 있어야 한다.
- 문제를 해결하기 위해 수학적 능력이 있어야 한다.
- 새로운 것을 배우거나 가르칠 때 적절한 방법을 활용할 수 있어야 한다.
- 문제해결 및 의사결정을 위해 새로운 정보가 가지는 의미를 파악할 수 있어야 한다.
- 문제의 본질을 파악하여 해결 방법을 찾고 이를 실행할 수 있어야 한다.

출처: 커리어넷

자연과학연구원과 관련된 특성

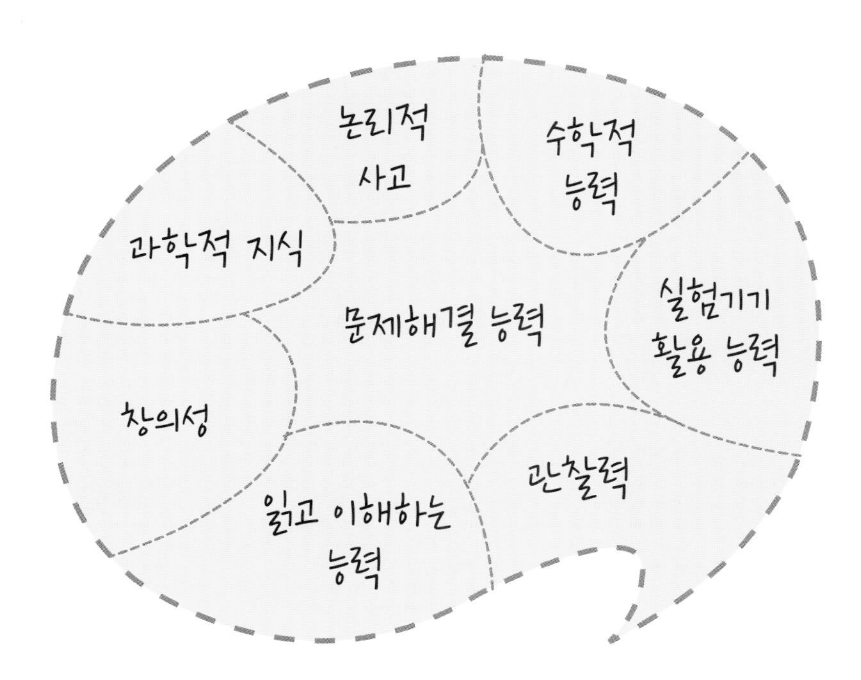

mini interview

"자연과학연구원에게 필요한 자격 요건에는 어떤 것이 있을까요?"

톡(Talk)!
한지수

자부심과 긍정적인 마인드로 끝까지 도전하는 자만이 성공할 수 있어요.

화학자는 모든 걸 창조해 내는 사람입니다. 어떤 분야의 전문가보다 더욱 더 자부심을 가져도 될 좋은 직업이죠. 다만 긴 학위 기간 때문에 지쳐 포기하는 경우도 많고, 연구 과정 속에서 크고 작은 실패를 수없이 겪기도 하죠. 이 때 긍정적인 마인드로 시련을 잘 이겨내고 꿋꿋이 도전하다 보면 나중에 정말 남들에게 존경받는 멋진 화학자가 되어있을 거예요.

톡(Talk)!
홍세미

논리적 사고와 꼼꼼하게 기록하는 습관이 필요해요.

우선, 생명과학자는 논리적으로 생각하는 능력이 꼭 필요해요. 생명과학자들이 관찰하고 실험한 결과는 논리적인 사고방식을 통해 도출되었을 때 다른 사람에게 받아들여질 수 있기 때문에, 논리적으로 생각하는 것이 매우 중요하죠.

더불어 꼼꼼하게 기록하는 습관을 가져야 해요. 실험을 하다보면 주변 환경에 따라 실험의 결과가 변하기도 하는데, 결과에 영향을 줄 수 있는 모든 변수들을 통제할 수 있도록 주변의 많은 요인들을 잘 살펴보고 꼼꼼하게 기록으로 남겨놓는 습관이 필요해요.

톡(Talk)!
윤미영

부지런함은 기본, 스스로에게 동기를 부여하는 능력이 있어야 합니다.

물리학자는 기본적으로 부지런하지 않으면 힘든 직업이에요. 하나의 의미 있는 데이터를 얻기 위해서 수백 번의 실험을 해야 하기 때문에 엄청난 끈기와 성실함이 필요해요.

그리고 자기 자신에게 지속적인 동기를 부여하는 것이 중요한데, 이거 잘됐으니까 여기서 끝내자가 아니라 이게 잘됐으니 다른 것도 해볼까 하는, 누가 시켜서 하는 것이 아니라 자신이 주체가 되어 연구 과제를 도출하는 노력이 필요합니다.

톡(Talk)!
김일훈

흥미를 느끼고, 집요하게 파고드는 끈기가 있어야 해요.

공부를 엄청 잘해야만 해양생물학자가 되는 건 아닌 것 같아요. 저의 성적은 중상위권 정도로 공부를 잘 하는 편은 아니었어요. 돌이켜 생각해보면, 대부분 자연과학연구원은 끈기 있게 공부하는 사람들이 하는 것 같아요.

제 주변에도 동아리 활동을 함께 했던 친구들이나, 생물학을 전공한 똑똑한 친구들이 많이 있었는데 그런 친구들은 공부를 꾸준히 하는 것보다는 일찍 졸업해서 대기업이나 기업연구원으로 취직을 하거나 의과 전문대학원을 가는 케이스가 많이 있었어요. 한 분야에서 전문 연구원이 되려면 무엇보다 본인이 흥미를 느끼고, 집요하게 파고들 수 있는 끈기가 필요한 것 같아요.

톡(Talk)!
강성주

자기 주도성과 겸손이 필요합니다.

천문학자가 되기 위해서 먼저 필요한 것은 자기 주도성이라고 생각해요. 예를 들어 천문학을 연구할 때 지금 하고 있는 자신의 연구 주제를 확실하게 파악하고 자기 주도적이 되어야 해요. 그렇게 해야 큰 가지를 세우고 주변의 작은 가지들을 펼쳐 나갈 수 있거든요. 큰 가지에서 작은 가지를 연결할 때, 다른 사람들한테 도움을 얻기도 하고, 협업하기도 하는데 자신의 연구 주제에 대한 자기 주도성이 없으면 가지를 뻗을 수 없기 때문이죠. 또한, 겸손한 자세도 중요합니다. 자신의 연구 결과가 상대방과 다르더라도, 그 사람의 의견을 충분히 경청하고 받아 들여야 해요. 다른 사람의 연구를 흡수한다면 새로운 연구를 할 때 더욱 발전할 수 있어요.

톡(Talk)!
성대경

끊임없는 질문과 문제해결을 위한 노력이 필요해요.

모든 연구는 질문에서 시작된다고 생각해요. '이건 왜 그럴까?' '이유가 뭘까?'부터 출발하는 것이죠. 그리고 그걸 해결하기 위해 끈기를 가지고 다양한 노력을 해야 하죠. 해결과정에서 누군가에게 질문을 하는 것을 부끄러워하면 안 됩니다.

내가 생각하고 있는 자연과학연구원의 자격 요건을 적어 보세요!

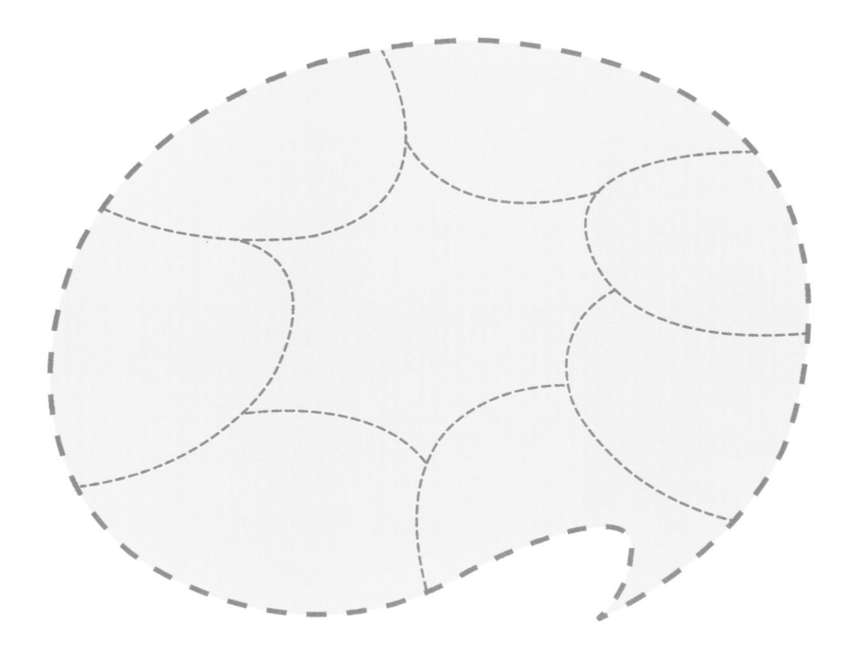

자연과학연구원이 되는 과정

출처: 커리어넷

1 자연과학연구원이 되는 길

자연과학연구원이 되기 위해서는 대학교를 졸업하고, 대학원에 진학하여 관련 분야의 석사 또는 박사 학위를 취득하는 것이 유리하다. 연구원이 되기 위해서는 무엇보다 관련 분야의 연구경험이 중요하기 때문에 석사과정 중에 학내외에서 수행하는 다양한 연구 프로젝트에 참여해 보는 것이 필요하다. 또한 연구원에서 연구보조원(RA), 인턴연구원으로 근무하거나 학생을 대상으로 하는 연구생 프로그램에 참여하면 입직 시 유리하다.

◆ 물리학연구원

- 정부출연연구소의 경우 인력이 필요할 때 관련 분야별로 공개채용이나 특별채용이 이루어지고 있다.
- 해당 연구소에서 연수를 받거나 연구보조원으로 근무하다 경력을 쌓아 연구원으로 채용되는 경우도 있다.
- 석사학위를 취득하여 연구소에 취업하고, 이후 연구소 생활과 박사학위 과정을 함께 할 수도 있다.
- 대학, 기업부설연구소나 과학 및 공학 컨설팅 회사 등에도 입사할 수 있다.

◆ 생물학연구원

- 공채나 특채를 통해 생물 관련 기업체의 품질관리실 및 각종 연구소와 의과대학병원의 기초실험실 등에 연구원으로 채용될 수 있다.
- 정부출연연구소의 정규직 연구원의 경우 1년간 결원 및 수요인원을 확인하여 연초나 연말에 공채를 통해 채용을 하며, 공개채용의 경우 연구원 홈페이지 및 인터넷 외부 구인 사이트를 통해 공고 후, 채용 절차를 진행한다. 채용 시 관련분야 전공과 연구경력이 주된 평가요소가 된다.

◆ 화학연구원

- 공채나 특채를 통해 정부기관, 기업부설연구소 연구원 또는 대학교의 대학교수로 진출할 수 있다.

◆ 기상학연구원

- 공채나 특채를 통해 국립천문대, 기상대, 기상청, 기상연구소 등의 연구기관의 연구원으로 진출할 수 있다.

◆ 천문학연구원

• 공채나 특채를 통해 천문대, 기상관측소, 전자통신연구소, 시스템공학연구소, 항공우주연구소 등에 채용될 수 있다.

◆ 해양과학연구원

• 공채나 특채를 통해 기초과학 관련 연구소, 기업체 연구소나 해양개발부, 환경처, 수산청 등 국가기관에 채용될 수 있다

2 정부출연연구소 채용과정

◆ 정규직 연구원

• 채용공고: 1년간 결원 및 수요 인원을 확인하여, 연구원 홈페이지 및 인터넷 외부 구인 사이트를 통해 연초나 연말에 공개 채용한다.

• 채용과정

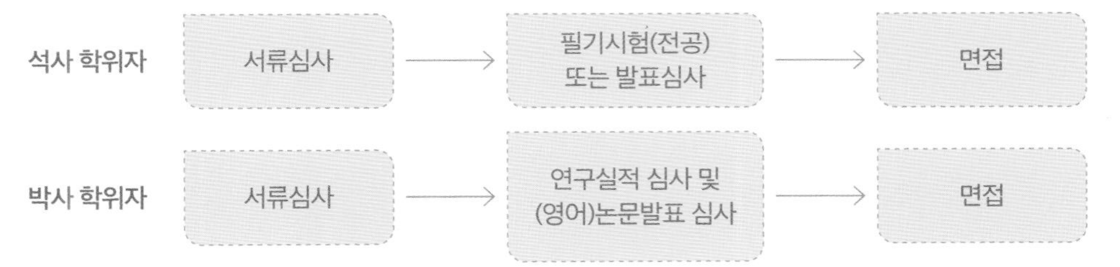

* 채용 시 관련분야 전공과 연구경력이 주된 평가요소가 된다.

◆ 계약직 연구원

• 채용공고: 인력 필요시 연구원 홈페이지 및 외부 인터넷 구인 사이트를 통해 연중 수시 모집한다.

• 채용과정: 서류전형과 면접 등의 과정을 통해 선발되며, 보통 석사 급을 채용하고 있다.

* 국책연구소의 경우 수시로 박사 후 연수자(Post-Doc)를 모집하기도 하며, 서류전형 및 연구실적 심사 등으로 선발한다.

3 일반기업 채용과정

• 채용공고: 기업의 홈페이지나 언론매체 등에 관련 분야별로 채용공고를 한다.

• 일반적인 승진체계

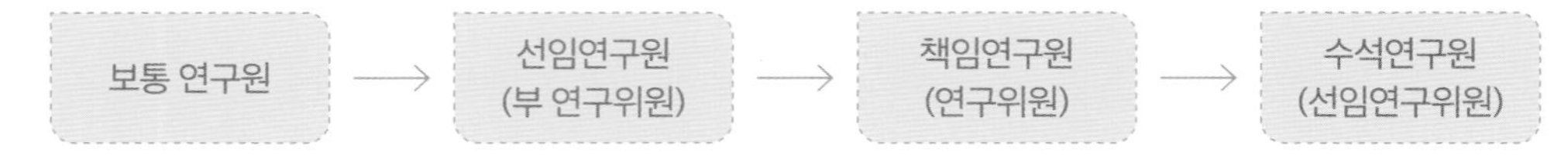

* 기업에 따라 연구원, 책임연구원만을 두고 있는 경우도 있다.
* 수석연구원 및 책임연구원은 내부 승진뿐만 아니라 외부영입에 의해서도 채용된다.
* 승진 시 근무기간과 연구 업적이 중요한 평가요소가 된다..

여기서 잠깐! 채용준비를 위한 TIP

- 공인 영어 자격시험을 꾸준히 응시하기
- 수학경시대회와 통계경시대회에 참가하기
- 과학과 물리·화학·지구과학 분야의 경시대회 참가하기
- 다양한 과학 관련 캠프에 참가하기
- 물리·화학·생물·지구과학·천문·우주 관련 독서하기
- 국가가 주관하거나 지원하는 단체에서 과학 일반에 대한 캠프와 체험학습 참가하기

자연과학은 끈기와 집중력이 요구되는 학문으로
아주 작은 주제라도 스스로 연구하고 결과를 도출함으로써
성취감과 자신감을 갖는 것이 중요합니다.

자연과학연구원의 좋은 점 • 힘든 점

톡(Talk)!
윤미영

| 좋은 점 |

일반적인 현상을 과학적으로 이해할 수 있는 직업이에요.

물리학자는 일상생활에서 발생하는 일을 과학적으로 접근할 수 있는 사람이라고 생각해요.

일반 사람들은 궁금해 하지 않을 수 있지만 우리가 서 있는 이유, 고속도로를 달릴 때 평균 속력, 순간 속력 등 일상적인 현상을 단순히 바라보는 것이 아니라 과학적인 접근으로 바라보면 이해가 쉽게 될 때가 많아요. 즉, 일반사람들이 생각할 수 없는 것을 좀 더 과학적으로 이해할 수 있다는 점이 장점이라고 생각해요.

톡(Talk)!
한지수

| 좋은 점 |

진로 선택의 폭이 정말 넓어요.

우리가 살아가는데 있어서, 화학이 빠지는 분야는 없습니다. 세상은 화학으로 이뤄져있다고 해도 과언이 아니죠. 우리 사회의 각 분야에서 언제, 어디서나 화학자를 필요로 하고 있습니다. 화학에 관심을 가지고 화학과 관련된 공부를 꾸준히 하다보면 화학자로 일하고 싶을 때, 다른 분야에 비해 진로 선택의 폭이 넓다는 장점이 있죠.

톡(Talk)!
홍세미

| 좋은 점 |

스케줄 조정이 자유롭다는 장점이 있어요.

자연과학연구원은 스케줄을 본인 스스로 자유롭게 조정할 수 있다는 장점이 있어요. 실험을 하다 보면 다음 단계의 실험을 하기 위해서 몇 시간씩 기다리는 경우가 있기도 한데, 그동안 논문을 읽거나 다른 실험을 하는 등 일정을 비교적 자유롭게 짤 수 있어요. 저녁에 약속이 있을 때는, 아침에 일찍 나와 실험을 끝마치고 이른 시간에 퇴근할 수 있기도 하구요. 시간을 본인의 스케줄에 맞춰 쓸 수 있다는 점이 정말 좋은 것 같아요.

톡(Talk)!
성대경

| 좋은 점 |

미래를 알려주고, 예측할 있는 직업이에요.

저의 예측으로 많은 사람들이 미리 대비할 수 있다는 것에 자부심을 느껴요. 대기 상에 맑은 공기만 있다면 좋겠지만 현실적으로 어렵잖아요. 그래서 맑은 공기와 나쁜 공기에 대한 최소한의 정보를 제공함으로써 사람들이 사전에 대비하는 모습을 볼 때 사람들에게 작게나마 도움을 드렸다는 점에 굉장한 자부심을 느껴요. 그리고 미래를 예측하고 그 현상이 정확하게 나타났을 때 정말 뿌듯함을 느껴요.

톡(Talk)!
강성주

| 좋은 점 |

내가 좋아서 하는 일이다보니 만족감이 커요.

천문학자의 장점은 바로 자기가 좋아하는 일을 하고 있다는 만족감이 다른 학자들보다 크다는 점이에요. 천문학은 우주 공간, 별의 크기 등 재현이 어렵다보니 다른 과학 분야처럼 실험을 통해 검증할 수 있는 분야가 적어요. 그래서 컴퓨터 시뮬레이션을 통한 작업을 주로 하게 되는데, 컴퓨터만 있으면 장소와 공간의 제약 없이 많은 연구를 진행할 수 있어 일에 대한 만족감이 커요.

톡(Talk)!
김일훈

| 좋은 점 |

사람들이 경험하지 못하는 색다른 경험을 할 수 있어요.

해양생물연구원의 경우 이어도, 울릉도, 독도와 같이 일반인들이 접근하기 어려운 지역의 출입이 연구목적으로 허락되기 때문에, 사람의 손이 닿지 않는 미지의 영역을 탐사할 기회가 자주 있습니다. 이런 미지의 세계를 찾아 떠나는 여행은 일반 사람들에겐 흔치 않은 경험이기 때문에 매번 설레고, 보람을 느끼기도 합니다.

톡(Talk)!
윤미영

| 힘든 점 |

항상 안전을 요하고, 체력적인 부분이 뒷받침 되어야 해요.

물리학은 일상적인 실험뿐만 아니라 안전을 요하는 연구도 많이 하기 때문에 항상 조심해야 해요. 연구를 하다보면 실험 장비를 조작하거나 화학 성분들을 다루기도 하는데 항상 위험요소가 존재하죠. 그리고 오랜 시간 실험을 하는 경우도 종종 있기 때문에 집중력이 떨어지지 않으려면 체력이 밑바탕이 되어야 할 것 같아요.

톡(Talk)!
한지수

| 힘든 점 |

눈에 보이지 않는 화학물을 다루는 것은 쉬운 일이 아니죠.

대부분의 화학물은 굉장히 민감해요. 예를 들어 장마철에 습도가 조금만 높아지기라도 하면, 실험 결과가 전혀 다르게 나오기도 하죠. 그런 민감한 화학물을 다루다보니, 성격이 예민해지고 실험 결과에 따라 정신적 스트레스를 받는 경우가 있습니다. 또한 눈에 보이지 않는 화학 반응을 상상력을 동원해서 예측 결과를 이끌어 내기가 쉽지 않죠.

톡(Talk)!
홍세미

| 힘든 점 |

평생 공부를 해야 해요.

장점으로 볼 수도 있겠지만, 평생 공부를 해야 한다는 점이에요. 연구원은 관찰이나 실험을 통해서 계속 새로운 것을 알아내는 일을 하는 사람인데요, 그런 것들이 가끔은 중압감으로 다가올 때도 있어요.

또, 실험이라고 하는 일이 아무리 열심히 한다고 해도 결과가 잘 나오지 않는 경우가 있어요. 같은 실험을 처음부터 몇 번씩이나 다시 해야 하거나, 그래도 안 되면 가설부터 수정해야 하는 일이 생기기도 하는데, 그러면 많게는 몇 달, 몇 년 동안 했던 실험 결과를 쓸 수 없게 되기도 하죠. 이렇게 긴 시간동안 하나의 실험 때문에 고생했는데 남는 결과가 없으면 힘이 쭉~ 빠지기도 해요.

톡(Talk)!
성대경

| 힘든 점 |

오보에 대한 타격감이 커요.

오보가 나왔을 때의 타격감이 큽니다. 미세먼지의 경우, 미세먼지 예보는 공식적으로 시작한지 7년 밖에 되지 않았지만, 사람들에게 기상 정보를 제공하는 직업인만큼 예보가 틀리게 되면 정말 많은 민원이 들어와요. 심지어 욕을 하거나 인격모독을 주시는 분들도 계십니다. 그런 날에는 정신적으로 힘들어서 아무것도 못하죠. 그럴 때 가장 힘듭니다.

톡(Talk)!
강성주

| 힘든 점 |

밤낮으로 별을 지속적으로 관측해야 합니다.

전파 관측은 별의 24시간 관측을 가능하게 하기 때문에 자신이 연구하고 있는 별에 대해 낮에도 관측해보고, 밤에도 관측해보고, 여러 가지 경우의 수에 대해 따져보면서 지속적으로 관찰을 해야 합니다. 그래서 밤에 관찰하시는 분은 새벽 3시부터 낮 12시까지 관측하고 퇴근하시는 분들도 많이 계세요. 그렇게 관측연구에 집중할 때는 다른 분야의 연구원들과 다르게 낮과 밤이 뒤바뀔 때가 있어서 힘들죠.

톡(Talk)!
김일훈

| 힘든 점 |

연구 탐사를 가기 전에 복잡한 준비과정에 지치기도 해요.

육상보다 해양 연구를 갈 때 준비해야 할 것들이 많은데, 스쿠버 장비부터 조사 장비, 채집할 수 있는 도구까지 챙기다 보면 짐도 많아지고 번거로운 과정들이 많이 생기죠. 또, 어떤 해역들은 허가를 받아야만 들어갈 수 있어서 출입허가 과정까지 시일이 오래 걸린다거나 사람들의 발길이 닿지 않는 지역에 대해서는 위험 부담을 안고 가기도 하죠. 그런 부분들이 가끔 두렵고, 지치기도 해요.

자연과학연구원 종사 현황

워크넷 직업정보 2019년 7월 기준

자연과학연구원 종사자수는

20,000명입니다.

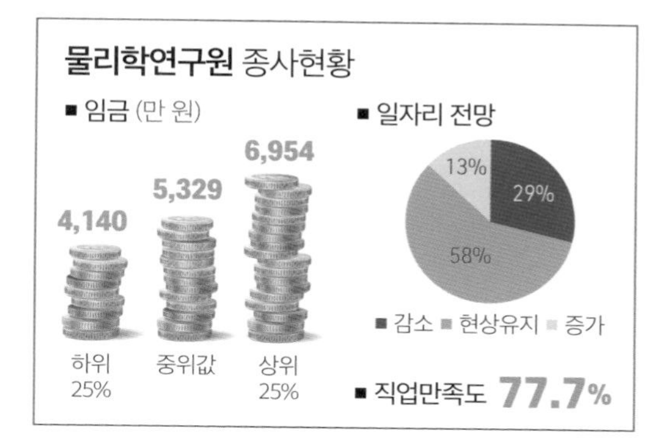

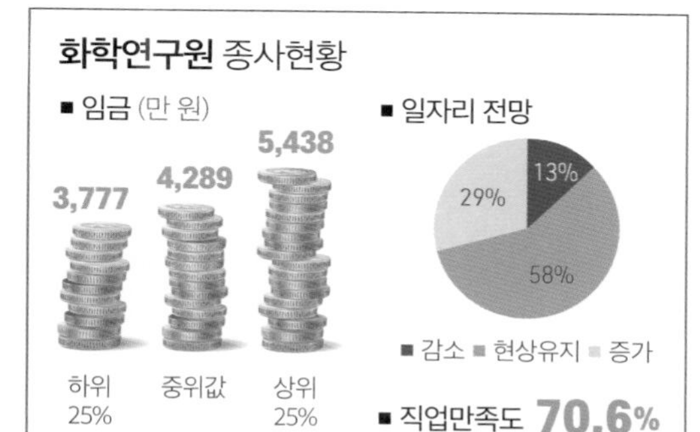

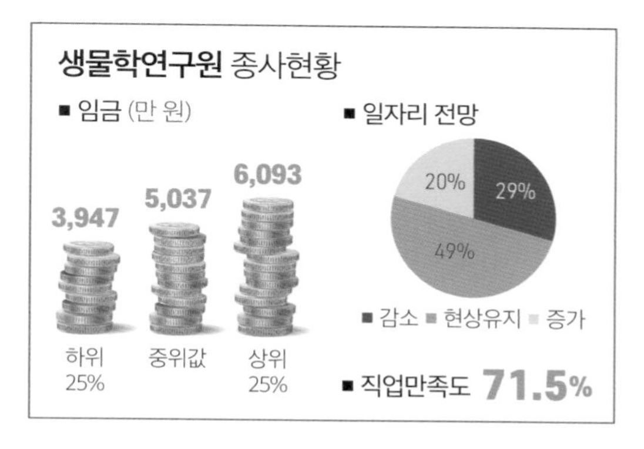

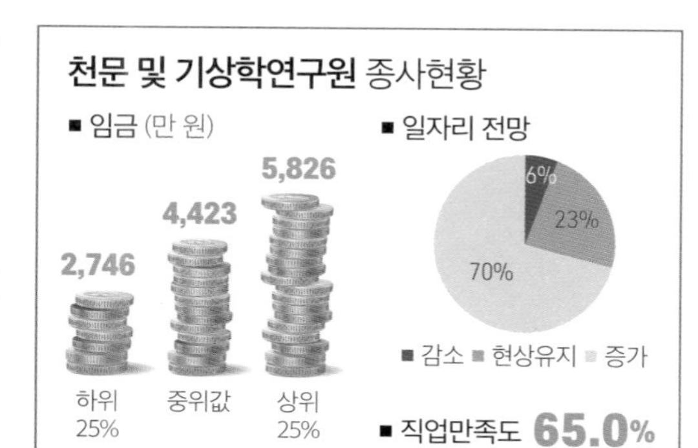

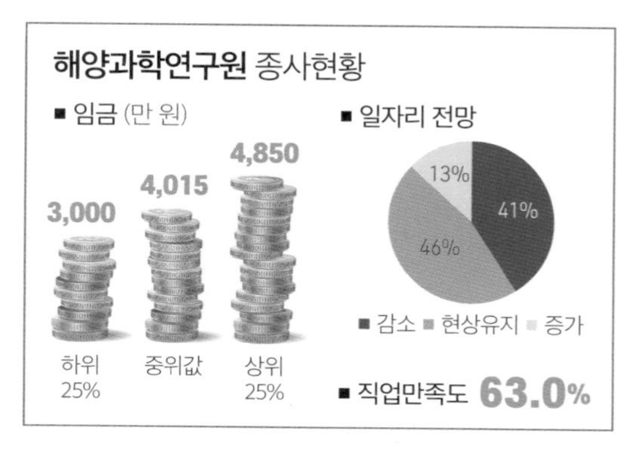

출처: 워크넷

4C2HII

자연과학연구원의

생생 경험담

미리 보는 자연과학연구원들의 커리어패스

김일훈 해양생물학자

- 목포마리아회고등학교
- 인하대학교 생명과학과(학부)

› 강원대학교 생명과학과(석사)

강성주 천문학자

대원외국어고등학교

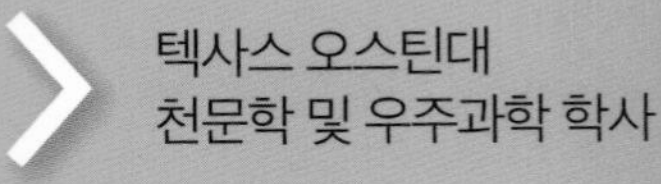

› 텍사스 오스틴대 천문학 및 우주과학 학사

한지수 화학자

대전관저고등학교

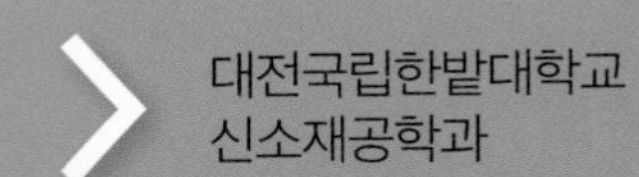

› 대전국립한밭대학교 신소재공학과

윤미영 물리학자

한광여자고등학교

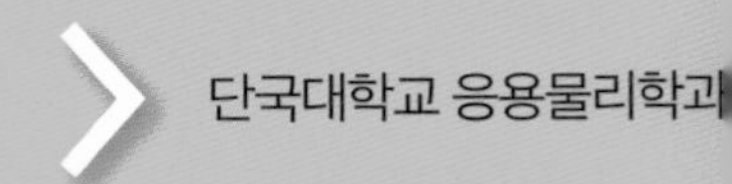

› 단국대학교 응용물리학과

성대경 대기학자

- 충주고등학교
- 강릉원주대학교 대기환경과학과

› 강릉원주대학교 대기환경과학과 일반대학원

홍세미 생명과학자

- 부산학산여자고등학교
- 전북대학교 섬유소재 시스템공학과

› 전남대학교 생물과학 생명기술학과 석사과정

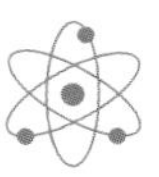

강원대학교 생명과학과(박사)

국립해양생물자원관 연구원

아이오와 주립대학 천체물리학 박사

현)한국천문연구원(포스트닥터)

고려대학교 화공생명공학과
(석박사 통합)대학원과정

- 한국화학연구원
- 한국과학기술연구원(포스트닥터)

단국대학교 응용물리학과 석사 과정
단국대학교 응용물리학과 박사 과정

단국대학교 연구원

한국해양연구소 부설 극지연구소
남극세종과학기지 대기과학월동대원

- 한국환경·정책평가연구원
- 국립환경과학원 대기질통합예보센터

제약회사 연구원 (전임 연구원)

광주과학기술원 (위촉 연구원)

어릴 적 시골 생활의 영향으로 야생 생물에 대한 거부감 없이 밝고 긍정적인 성격으로 성장했다. 학창 시절 수학, 과학 과목을 유독 좋아해 적성에 맞는 자연계열의 대학교에 진학하였고, 대학교에서 생물학과 동아리 활동과, 학회활동을 통해 생물학 및 양서파충류에 본격적으로 흥미를 가지게 되었다. 생물학을 전공으로 선택한 후 지도 교수의 영향을 받아 바다뱀을 연구하기 시작하여, 현재까지 바다뱀과 바다거북 등 해양파충류를 집중해서 연구하고 있다. 바다뱀의 경우 우리나라에서 새로운 종을 발견해 '넓은띠큰바다뱀'과 '좁은띠큰바다뱀'이라고 명명하기도 했다. 바다뱀을 자신의 아이콘으로 내세우는 그는 정말 '바다뱀의 아버지'가 될 요량이다.

해양생물학자

김일훈 연구원

현) 국립해양생물자원관 연구원
- 강원대학교 생명과학과 박사
- 강원대학교 생명과학과 석사
- 인하대학교 생명과학과

해양생물학자의 스케줄

김일훈 연구원의 **하루**

08:00 ~ 09:00
▸ 기상 및 출근

09:30 ~ 12:00
▸ 행정서무업무, 논문 등 자료검색

12:00 ~ 13:00
▸ 점심

13:00 ~ 18:00
▸ 실험, 데이터 분석

18:00 ~ 19:00
▸ 저녁 식사

19:00 ~ 22:00
▸ 개인정비(운동) 및 가족과 시간보내기 또는 야근을 통한 논문제작 등

22:00 ~ 24:00
▸ 독서, TV등

24:00 ~
▸ 취침

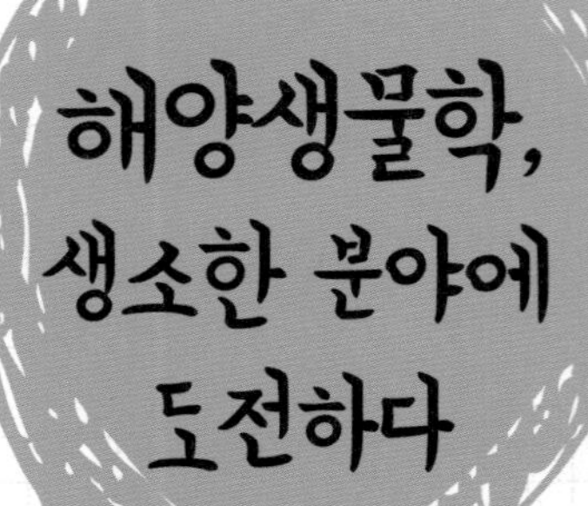

해양생물학, 생소한 분야에 도전하다

▶ 대학 동아리 표본부 활동

▶ 대학 동아리 활동_양서류, 파충류를 찾아서

▶ 뱀 무선추적장치 연구

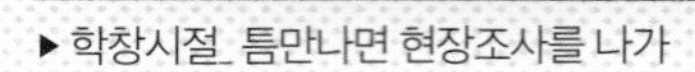

▶ 학창시절_ 틈만나면 현장조사를 나가

Question 연구원님의 어린 시절은 어떠셨나요?

저는 어린 시절 시골에서 살았고, 지금처럼 놀이거리가 많이 없었기 때문에 주로 친구들과 산에 놀러 다니거나 저수지에서 낚시하는 것을 즐기며 어린 시절을 보냈어요. 특히 산에서 노는 것을 좋아해서 개구리나 뱀과도 친숙했고, 어린 시절부터 도시 친구들은 경험하기 어려운 야생 생물들을 쉽게 접하면서 생물에 대한 거부감이 없었던 거 같아요. 활발하고 외향적인 성향이었고 성격도 밝아서 친구들과도 두루두루 잘 지냈고, 선생님의 심부름도 즐겁게 하는 긍정적인 성격이었어요.

Question 생물학을 전공하게 된 계기가 있었나요?

저는 학창시절 주로 수학, 과학 과목을 유독 재밌어했고, 대학교도 적성을 살려 인하대 자연과학계열로 진학하게 되었어요. 자연과학계열이 물리학, 화학, 생물학, 지구과학 이렇게 있었는데 처음에 저는 화학에 관심이 있었어요. 그런데 우연히 대학교 1학년 오리엔테이션에서 생물학과 선배님들을 만나면서 동아리 활동을 함께 하게 되었고, 그러면서 자연스럽게 생물학에 관심을 가지게 되었어요. 1학년 때는 학부였고 2학년 때 학과를 정하게 되는데 그 계기로 생물학을 선택하게 되었어요.

Question 전공과 관련해 도움이 될 만한 활동을 하셨나요?

저희 인하대 생물학과에는'표본부'라는 학회가 있었어요. 그 학회는 인천 연안에 있는 섬에 가서 그곳에 있는 생물들을 채집하고 조사하여 가을전시회를 통해 조사 결과와 채집된 표본을 일반인들에게 전시하는 활동을 주로 했어요. 저는 그 학회에 참여하여 선배들과 친해졌고, 학회 활동을 통해 생물들을 본격적으로 다루기 시작했죠.

조류, 포유류, 양서파충류, 어류, 거미, 곤충 6개 분야가 있었는데, 저는 그 중에 양서파충류에 더욱 흥미를 느꼈어요. 왜냐하면 다른 분야는 조금 흔한 편인데 양서파충류를 선택하는 곳은 흔하지 않았기 때문이었죠. 직접 가서 뱀 같은 생물을 잡으면서 연구하는 것이 재미있었어요. 우연한 기회에 그 학회를 가게 되었지만 그곳에서 선배들이랑 활동했던 게 굉장히 즐거운 추억이었고, 이 활동이 제가 진로를 선택하는데 하나의 방향을 제시해주었던 것 같아요.

Question 해양생물학자가 되기까지 도움을 주신 분들이 계신가요?

선배님들께서 도움을 많이 주셨어요. 양서파충류를 연구하는 실험실 중에서도 해양을 연구하는 곳은 없었고, 취업 자리도 마땅치 않았어요. 하지만 저는 우리나라에 몇 안 되는 사람들만 하는 분야일지라도 내가 호기심과 관심이 많은 분야를 연구하고 싶었고, 흥미를 가지고 할 수 있는 길을 가는 것이 저에게 유리할 것이라고 생각했어요. 다행히 양서류를 연구하시는 당시에 선배님(현재는 관련분야 전문가 분들)들이 인하대에 계셔서 많은 도움을 받았죠. 그 전에는 막연하게 혼자 재미있는 정도였는데, 선배님들을 만나고 따라 다니면서 내장산 국립공원 조사, 도서 지역 조사 등 3박4일씩 현장 조사를 나갔고, 그때의 경험이 많이 도움이 되었어요.

Question 해양생물연구원의 직업적 매력은 무엇인가요?

우선 해양생물이라는 분야를 하는 사람이 희소하다는 점에서 매력을 느꼈어요. 희소성에서 저는 비전이 있다고 생각했어요. 그리고 제가 아는 선배님 중에 국립생물자원관이라는 공공기관에서 연구관을 하시는 분이 있는데, 회사에서 일을 할 뿐만 아니라 가끔 출장을 나가셔서 자연으로 나가 데이터를 수집하곤 하세요. 보통 연구원이라고 하면 대게 사무실에서 연구만 하는 경우가 많은데, 가끔 자연과 동화되어 기분 전환도 하시는 모습을 보고 약간의 동경심이 생겼어요. 저 또한 출장으로 제주도나 울릉도, 독도, 이어도처럼 남들이 잘 가기 힘든 곳들을 많이 가는데, 그 곳에서 힐링도 하고 많은 것을 느끼고 돌아오곤 합니다.

Question 해양생물 연구자들이 흔치 않아서 시작할 때 많은 용기가 필요하셨을 거 같은데요?

네 그렇죠. 바다 생물을 연구하는 것은 접근이 매우 어렵기 때문에 쉽지 않은 부분이 있어요. 육상은 산과 밭을 헤매다 보면 다양한 생물들은 접하기 쉽지만 바다같이 망망대해에서는 시도조차 사실 어렵거든요. 그래서 제가 처음 바다뱀을 한다고 했을 때 도움을 받을 곳이 없었어요. 하지만 처음 바다뱀을 해보자고 먼저 말씀해 주신 게 지도 교수님이신 박대식 교수님이셨어요. 교수님께서는 남들이 하지 못하는 영역에 도전하는 것을 엄청 즐기시는 분이셨어요. 그런 교수님의 열정에 많은 학생들이 존경했고, 저도 시간이 오래 걸리더라도 저렇게 끈기 있게 파고 들다 보면 어떤 성과라도 얻게 된다는 것을 느끼며 용기를 얻게 되었죠.

상상속의 동물, 바다뱀을 만나다.

▸ 넓은띠큰바다뱀 포획

▸ 바다뱀 현상수배 현수막 부착

▸ 바다거북 자연방류

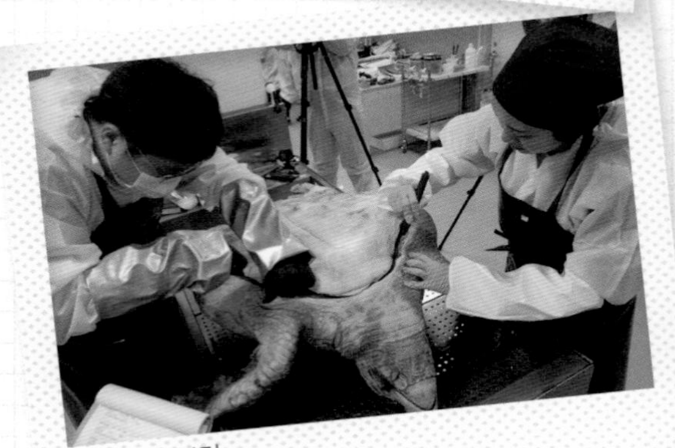

▸ 바다거북 부검

Question 지금 하고 계신 연구는 어떤 것인가요?

바다뱀과 바다거북에 대한 행동 생태를 연구하고 있습니다. 즉, 이 동물이 어떻게 움직이는지, 언제 짝짓기를 하는지 등에 대한 연구를 하고 있어요. 만약 바다뱀이 발견되면, 그 장소는 그 뱀의 전체 생활사 중 잠깐 머무른 곳이라는 생각을 바탕으로, 그곳에 있었던 이유를 연구합니다. 또 그 바다뱀이 어디서 자고 활동하며 밥은 언제 먹을까 등 여러 궁금증을 가지고 그것들을 풀어 나가고 있습니다. 왜 그런가를 깊이 있게 연구하다보면 그 행동에는 다 이유가 있다는 것을 발견하게 된답니다. 그런 것들을 밝혀내는 것은 매우 중요한 연구라고 생각해요.

Question 바다뱀을 연구하기 위해 어떤 노력을 하셨나요?

바다뱀 연구를 시작하기 전에 저에게 바다뱀은 상상속의 동물이었어요. 우리나라에는 바다뱀이 3종이 있다고 알려져 있는데 어디에도 표본과 사진이 없었고 그저 책에만 있는 기록이었죠. 기록을 보면 어떤 뱀은 1907년도에 발견되었다는 내용이 있는데 그마저 증명할 수 있는 길이 없었고, 따라서 우리나라에서는 있다곤 하지만 해외 연구진들은 그 말은 믿을 수 없다는 반응이었어요.

그래서 저는 주변 교수님들이나 선배들에게 제가 처음 그것을 밝혀내고 연구해보겠다고 말씀을 드렸는데, 그분들께서 하신 말씀은 "뱀을 잡아야 논문을 쓰고 졸업을 할 것이 아니냐. 그런 주제로 논문을 쓰면 영영 졸업을 못 할 것"이라는 말씀을 하셨죠. 20년 걸려도 빠른 것이라고 하시는 박사님도 계셨죠. 그러나 연구를 시작한지 3년 만에 처음 바다뱀을 얻었어요.

바다뱀을 얻기까지 과정이 물론 쉽지만은 않았어요. 저희 연구원들은 2년 동안 바다뱀을 찾아다녔지만 도저히 안 될 것 같아 사비를 모아 현상금 100만원씩 걸어 전국의 어부들 찾아다니면서 인사하고 설명하고 현수막을 걸었어요. 3년쯤 되었을 때 한 어부께서 바다뱀인지 비슷하게 생긴 생물을 발견한 것 같다고 연락을 주셔서 바로 다음날 강원도에서 제주도까지 가서 회수해온 적이 있었어요. 발견이 쉽지 않아 포기해야 되나 생각할 때 기적처럼 바다뱀을 만나게 된 것이 정말 기억에 많이 남습니다. 그리고 우리나라에는 바다뱀이 매우 희귀해서 필리핀이나 일본에 가서 바다뱀이 어떻게 사는지도 보고 바다뱀 연구를 하기 위해 스킨 스쿠버도 배우게 되었어요.

Question 그 이후에 또 바다뱀을 발견 하셨나요?

저희는 총 30마리 정도의 바다뱀을 확보하였어요. 기존에 알려져 있던 3종 중에 한 종류는 저희가 확인 하였고, 새로운 종 2종을 추가 발견하여 총 5종이 되었어요. 새로운 생물을 발견하면 생물의 학명을 만들어 주는데 이는 발견자가 결정하는 거예요. 외국에는 있지만 우리나라에 없던 종을 발견하면 미기록종을 보고하게 되는데, 우리나라에 있는 것이 확인이 됐다면 그 생물에 대한 논문을 공표하고 한국 이름을 붙이게 되는 거죠. 그 이름을 저희 연구팀이 붙였는데 뱀의 띠무늬가 조금씩 다르다는 특징을 살려서 '넓은띠큰바다뱀'과 '좁은띠큰바다뱀'이라고 지었어요.

▸ 일본 오키나와 바다뱀 연구 출장

Question 연구를 하시면서 기억에 남는 에피소드가 있으신가요?

거북이를 도와주어 보람찬 경험을 한 적이 있어요. 지금도 거북이를 치유한 뒤 자연에 보내주는 활동을 하고 있습니다. 거북이의 개체는 전 세계적으로 급감하고 있어요. 아주 다양한 요인들이 있는데 쓰레기 같은 것도 큰 문제일 거예요. 그리고 거북이가 산란할 수 있는 모래사장이 필요한데, 사람들이 모래사장을 다 해수욕장으로 개발을 하니, 거북이 입장에서는 보금자리가 없어지는 것이죠.

거북이는 육지에서는 엄청 느리기 때문에 조명 하나라도 있으면 위험을 느끼고 알을 낳는 것을 포기하고 육지로 올라오지 않아요. 거북이가 알을 낳으면 한 번에 150~300개 정도를 낳는데, 그 알들을 낳을 환경이 없는 거죠. 거북이들은 자기가 태어난 모래사장에서만 알을 낳아요. 근데 자신이 태어날 때는 분명히 좋은 곳이었는데, 30년을 바다를 떠돌다가 돌아오면, 환경이 변해버렸거나 사람들로 인해서 알 낳는 것을 포기하는 안타까운 현실이 있어요.

예전에는 부산 해운대와 제주도 중문에서 알을 많이 낳았지만, 지금은 거북이가 육지로 올라올 엄두도 못 내고 있죠. 그래서 저희는 한화 아쿠아플라넷 여수와 함께 공동연구를 통해 알을 받아서 조금 키운 거북이들을 바다로 돌려보내 주는 활동을 하고 있어요. 그 중에 1%만 성공적으로 성장을 하더라도 우리 나름대로는 큰 역할을 하는 것이라고 생각합니다. 이 활동으로 2017년부터 3년 동안 120마리 정도를 바다에 돌려준 것 같아요. 제 개인적으로 엄청 보람찬 일들이었어요. 저희가 안 했으면 아무도 안 했을 일이거든요.

▶ 여수 아쿠아플라넷_푸른바다거북

Question 출장도 가신다고 하셨는데 출장의 매력은 무엇인가요?

일반인들이 할 수 없는 색다른 경험을 할 수 있다는 점이 매력적이에요. 제주도에서 남쪽으로 3시간 정도 배를 타고 가면 이어도라고 하는 섬이 있어요. 저는 이 섬에 출장을 가곤하는데, 이 섬은 물속 5M정도에 있고, 물에 드러나지 않는데 섬이에요. 암초라고 할 수 있죠. 이 섬에 기둥을 세워 과학기지를 건설하였고, 3, 4층은 연구시설, 5층은 각종 측정 장비, 꼭대기 층에는 헬기장이 있어요. 이곳은 일반인들은 출입할 수 없고 연구자들도 1년에 한번 허가를 받고 안전교육을 이수한 사람들만 들어갈 수 있는 곳이에요.

처음에 그 곳을 갔을 때는 엄청 무서웠어요. 배가 일주일에 한 번 씩 밖에 오지 않거든요. 만약 날씨가 안 좋을 때면, 2주일은 갇혀있어야 하죠. 일반인들은 상상 할 수 없는 그런 곳이죠. 하지만, 점차 적응하다보면 재미있는 것들을 많이 할 수 있어요. 일주일동안 거기서 다이빙해서 수중 생물들을 조사하기도 하고, 낚시와 뜰채로 해양생물을 잡아서 조사하기도 하죠. 그리고 실험실에 가지고와 실험을 하다보면 새로운 연구결과들이 나오곤 해요. 매일 매일이 새로워요.

그리고 울릉도나 독도에도 연구하러 가기도 합니다. 일반인들의 접근이 매우 어려운 지역이지만 연구자들에게는 연구 목적의 출입이 허락되기 때문에 저희는 사람의 손이 닿지 않는 미지의 영역을 찾아 갑니다. 이런 행위들은 보통 사람들은 하지 않는 경험이기 때문에 그런 것에 보람을 느끼기도 합니다.

▸ 이어도 과학기지에서

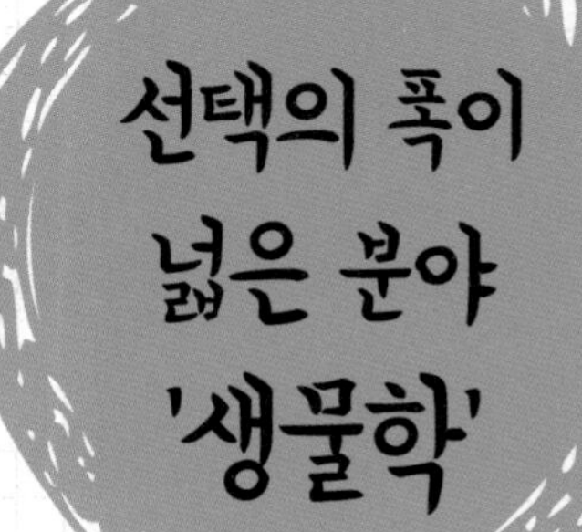

▶ 바다거북 방류_ 추적장치

▶ 국립해양생물자원관_바다뱀 전시관에서

▶ 바다거북 산란지 보호 자원봉사

▶ 제주 해양생태계 수중 조사

Question 해양생물학자가 되기 위한 TIP은?

다양한 경험을 해보는 것이 가장 중요합니다. 저 같은 경우만 해도 선배들을 따라 다니면서 곁눈질로 배웠던 것부터 시작해서 서울대 인턴을 1년하고 국립공원연구원을 박사학위 전에 1년 정도 다녔는데요. 이런 경험 속에서 내가 연구하는 분야뿐만 아니라 다른 분야에 대한 시야도 넓힐 수 있었어요. 저는 양서파충류에 관심이 있지만 국립공원에서는 호랑이, 족제비, 쥐 등 다양한 생물을 연구하시는 분들이 계시거든요. 그런 다른 분야에서도 배울 것이 있다고 생각해요. 또한, 전시관을 많이 가보는 것도 추천해요. 저희 전시관만 해도 뱀이나 거북이처럼 생태학적인 것들에 대해 설명을 하고 있기 때문에, 자신의 시야가 넓어지는 기회가 될 수 있을 것 같아요.

Question 해양생물학자가 되기 위해 어떤 준비를 해야 할까요?

공부를 많이 해야 하는 건 사실이지만, 엄청나게 접근이 어려운 공부를 하는 건 아니라고 생각해요. 수학 문제를 푼다거나 무에서 유를 창조하는 것이 아니라, 많은 자료들을 찾아보고 읽어보고 응용하면서 우리가 가지고 있는 자원에서 응용도 해보고, 다른 사람과 다른 방법으로 시도하는 등 창의적으로 할 수 있는 과정들이 필요해요.

그러려면 영어는 잘 하면 좋다고 생각하는데, 우리나라 자료로는 한계가 있고 많은 해외 논문들을 읽고 이해하려면 영어가 필요하기 때문이죠. 전 영어를 못하는 편이었기 때문에 논문 한 편씩 읽을 때마다 며칠씩 걸리곤 했었어요. 모든 내용을 다 번역할 순 없어도 재료 및 방법, 구조, 결과, 결론, 논의 등 이 정도 개념만 이해하면 거의 응용이기 때문에 영어를 아주 잘 하진 못해도 괜찮아요. 느리더라도 좀 더 열심히 하면 돼요. 남들이 한 시간 읽을 때 혼자 하루 읽으면 되는 거죠.

Question 해양생물학자가 되기 위한 과정은 어떻게 되나요?

생물의 분야는 정말 엄청 넓습니다. 아주 작은 플랑크톤부터 시작해서 고래까지 정말 다양하죠. 나 혼자 이 모든 것을 공부하고 연구할 수는 없어요. 그렇기 때문에 일단 내가 무엇을 연구하고 싶은지 찾는 게 최우선일 것 같아요. 그걸 정했다면, 생물학공부를 시작해야겠죠? 더욱 자세한 공부를 위해 석사, 박사과정을 거치게 되요. 그 때, 공부를 더욱 세부적으로 들어가야 해요. 그 생물에 대해 유전적 요소를 연구할 것인지, 생물이 살아가는 생태계를 연구 할 건지 등등으로 말이죠. 그래도 가장 중요한 것은 생물에 관심과 흥미 그리고 호기심과 함께 공부를 하는 것이라고 생각해요.

Question 해양생물학자가 되기 위한 진로방향은 어떻게 되나요?

진로방향은 다양해요. 생물학이라는 분야가 매우 넓기 때문이죠. 해양생물에 관련된 기관은 국립해양생물자원관, 한국해양과학기술원, 해양환경공단, 수산과학원, 국립해양박물관, 국립해양과학관 등이 있습니다. 그리고 국가공무원으로 해양수산부나 환경부로 들어가시는 분들도 있습니다. 자신이 어떤 생물을 어떻게 연구할건지에 따라 가는 곳이 너무 달라져서, 내가 무엇을 연구할 것인지 정하고 추후에 어떤 방향으로 연구할 건지 정하는 것이 중요하죠.

▶ 베트남 해양생물 연구조사 출장

Question 연구원님의 하루일과에 대해 간단히 설명해주세요.

저의 주 일과는 행정서무 업무를 처리하고, 관련 논문이나 자료를 탐색하여 연구동향을 파악하는 일 등입니다. 이를 바탕으로 실험을 하거나 취합된 자료를 가공하는 작업 등을 거쳐 논문화하여 국내외 저널에 발표하는 일을 주로 하고 있습니다. 이외에 국내출장도 많은 가는데, 보통 3~5일정도 현장에 나가 해양생물의 분포나 위협요인 등에 대한 연구를 수행합니다. 출장을 가 있는 동안에는 아무래도 행정업무나 논문작업을 하기 어렵기 때문에 회사에 출근하는 날에 이러한 작업을 집중해서 하게 됩니다. 퇴근을 하면 주로 운동을 하거나 가족과 시간을 보내는 데 충실합니다.

Question 연구원님만의 스트레스 푸는 방법은?

저는 주로 가까운 사람들을 만나는 것으로 스트레스를 푸는 것 같습니다. 제 주변에는 국립생태원이나 대학교의 연구자들이 많은데, 그 사람들과 만나서 연구나 이런저런 이야기를 하면서 많은 것을 공유하는 것을 좋아합니다. 근래에는 건강을 위해서 운동을 하기도 하고 그 과정에서 다양한 사람들을 만나기도 했습니다. 앞으로도 다양한 연구와 활동을 위해서 체력관리가 필요하다는 생각이 들기 때문에 주말에는 경치가 좋은 산들에 등산을 다니며 스트레스를 풀기도 합니다.

Question 연구원님에게 바다뱀이란?

저의 아이콘입니다. 저는 바다뱀을 연구하는 사람으로 비춰지고 싶어요.

해양생물학자를 꿈꾸는 친구들에게 추천해주실 영화나 도서는 어떤 것이 있을까요?

저는 해양환경을 다룬 많은 다큐멘터리를 주로 시청해요. 생물 자체의 종 다양성이나 생태를 다루는 BBC의 '자연다큐'를 찾아보면서 다양한 해양생물에 대한 관심을 키웁니다. 저는 주로 해양생물이나 조류, 포유류 등의 다큐멘터리를 주로 찾아보게 되는데, 아무래도 전공 때문인지 뱀이 나오는 다큐는 자연스럽게 집중하게 되는 것 같습니다. 최근에는 해양오염문제를 다루는 내용의 다큐멘터리를 많이 봤는데, '플라스틱, 바다를 삼키다', 'ALBATROSS' 같은 다큐멘터리를 보면서 해양환경 오염에 대한 경각심을 다시금 깨우치곤 합니다.

제가 주로 연구하고 있는 인공위성추적연구를 다룬 책인'펭귄의 사생활(와타나베 유키)'이라는 책은 바이오로깅을 통해 발견한 동물들의 일상을 쉽고 재미있게 다룬 책이라서 누구라도 쉽게 읽어볼 수 있는 책으로 추천하고 싶습니다. 또한 조선시대의 생태에 대해 역사적 사료를 바탕으로 재미있게 해석해 준 '조선의 생태환경사(김동진)'는 불과 몇 백년 사이에 인간에 의해 자연이 얼마나 많이 변화하였는지를 단적으로 보여주는 유용한 책이에요.

Question 해양오염에 대해서는 어떻게 생각하시나요?

아주 심각하죠. 태평양에 있는 많은 쓰레기들이 해양 생물들에게 정말 안 좋은 영향을 끼칩니다. 예를 들어 바다거북은 숨을 쉬기 위해 수면 위로 올라오는데 후각이 좋은 편이 아니에요. 그런데 쓰레기에는 녹조류, 갈조류 같은 작은 생물들이 붙어있어 바다거북이 좋아하는 해초 냄새를 풍기기 때문에 거북이들이 그것들을 먹고 죽게 되는 경우가 많아요.

물속에서는 눈앞에 보이는 많은 쓰레기를 먹이로 착각하고 먹어서 장기가 막히거나 장기에 구멍이 뚫려서 죽는 경우가 많습니다. 바다거북뿐 아니라 아주 많은 해양생물이 쓰레기에 의해 위협을 당하고 있습니다. 지금 우리나라 바다에도 실제로 스쿠버로 들어가 보면 바다 바닥에 쓰레기가 엄청 많다는 것을 느껴요. 특히 연안이면 진짜 심각하구요. 저희가 가는 외해 같은 경우에도 심심치 않게 발견이 돼요.

Question 해양 오염을 막기 위해서 어떻게 해야 할까요?

해양 오염은 매우 심각한 상황이지만 개선될 여지가 별로 없어 보여요. 이런 상황이 개선되기 위해서는 근본적으로 전 세계 모든 사람들이 해양오염의 심각성을 인지하고 노력해야 해요. 그리고 해양에 버려진 쓰레기들을 단순히 건져 올리는 것이 아니라 뭔가 혁신적인 방법을 도입해야 한다고 생각해요.

▸ 바다거북과 바다거북의 장 내에서 발견된 해양쓰레기

해양생물학자를 꿈꾸고 있는 청소년들에게 한마디 해주세요.

모든 연구자들이 그러하듯 한 분야의 전문가가 되기 위해서는 꾸준함과 끈기가 가장 중요해요. 하지만 이것을 이뤄낸다는 것이 쉽지는 않은 것 같아요. 저도 이 길을 포기할 생각은 아니었지만, 바다뱀 연구는 미지의 영역이었고, 바다뱀을 찾기 위해 끝이 보이지 않는 시간들을 흘려보내면서, 답답한 마음에 주제를 바꿔야 할지 엄청난 고민을 할 때가 있었어요. 이렇게 박사가 되고도 어려움과 고비의 시간이 오기도 하죠.

그래도 저는 적성에도 잘 맞아 한 길만 걷다보니 박사과정에서 취직이 되어서 어느 정도 마음의 여유가 생겼는데, 저와 달리 포기하는 동기, 선후배들을 많이 봐왔어요. 석사를 마쳤지만 너무 힘들어서 박사까지는 못하겠다고 포기하고 다른 직종을 선택하거나 박사를 하다가 연구가 잘 되어도 고비의 순간을 넘기지 못하고 포기하는 사람도 생겼어요. 그래서 그만큼의 본인의 의지와 꾸준히 할 수 있게 뒷받침 될 수 있는 환경도 중요하다고 생각해요.

어려서부터 천문학자가 꿈이었다. 꿈을 이루기 위해 외국어고등학교를 졸업하고 일찌감치 미국 유학길에 올랐다. 텍사스 오스틴 주립대의 천문학 및 우주과학을 전공하였고, 아이오와 주립대학의 천체물리학 박사가 되었다. 힘들고 어려운 유학생활을 마치고 귀국해 현재 한국천문연구원에서 전파 관측을 이용해 별의 생성에 대해서 연구하고 있다. 천문학자로서 과학적 성과를 내는 것만큼이나 대중이 과학적 성취를 더 깊은 의미까지 이해할 수 있도록 도와주는 매개자로서의 역할을 어떻게 수행할 수 있을지에 대해 많은 고민을 하고 있다. 대중 강연을 통해서 많은 사람들이 천문학에 조금 더 쉽게 다가갈 수 있도록 노력하고 있다.

천문학자

강성주 연구원

현) 한국천문연구원(포스트닥터)
- 아이오와 주립대학 천체물리학 박사
- 텍사스 오스틴대 천문학 및 우주과학 학사
- 대원외국어고등학교

천문학자의 스케줄

강성주 연구원의 **하루**

천문학자를 꿈꾸다

▶ 어릴 적 우주소년단 활동

▶ 어릴 적 이은결 일루셔니스트와 함께

▶ 세계 천문올림피아드 부단장으로 참가

▶ 유학시절 졸업식_지도교수와 함께

Question 어린 시절부터 꿈이 천문학자이셨나요?

저는 어린 시절부터 천문학을 하는 사람이 되고 싶었어요. 제가 다섯 살 즈음 친척집에서 지구에 관련된 책을 본 게 아직도 기억에 남을 정도로 뇌리에 깊게 박혀 있고, 초등학교 때에는 아버지께서 사주신 큰 천체망원경을 어딜 가든 항상 들고 다닐 정도로 소중히 여겼었어요.

Question 천문학자가 되기 위해 어떤 노력을 하셨나요?

초등학교 시절에는 학교에서 운영하는 우주소년단이라는 보이스카우트와 같은 단체에 가입해서 여러 활동을 했었어요. 캠프에 가서 관측도 하고 한 학기에 한 두 번씩 모여 과학행사를 했었죠. 저한테는 우주소년단이 너무 즐겁고 재미있던 시간이었기 때문에 중학교를 올라가서도 계속 활동을 하고 싶었어요. 그런데 진학한 중학교에는 아쉽게도 우주소년단이 없었어요. 그래서 선생님께 건의를 해서 이런 단체를 만들어 달라고 했지만 아쉽게 이루어지지는 않았어요.

그래도 저는 천문학자가 되겠다는 열망이 컸기 때문에 공부를 하고 싶은 동기가 확실했어요. 그래서 공부를 정말 열심히 한 편이었죠. 그리고 과학에 대한 관심이 컸기 때문에 화학 올림피아드, 물리 올림피아드 같은 대회도 꾸준히 나갔어요. 또, 그 당시에 저는 우리나라보다 외국에 천문학과도 많고 천문학자들이 많이 나온다고 생각하여 유학을 가야겠다고 다짐했고, 영어가 중요하겠다는 생각에 대원외국어고등학교에 진학하게 되었죠. 보통 어릴 때는 장래희망이 자주 바뀌곤 하는데, 천문학자가 되겠다는 저의 마음은 한 번도 변하지 않았던 것 같아요.

▸ 우주소년단_모의비행 체험

Question 천문학을 좋아하게 된 동기가 있을까요?

저는 그냥 이유 없이 우주가 마냥 좋았어요. 특별한 동기는 잘 기억이 나지 않지만, 부모님께서 어린 시절에 책을 많이 선물해 주셨고, 책을 통해 우주를 접했던 기억이 있어요. 제가 초등학교 때 <Why?>시리즈의 전작인 <왜?>시리즈가 나왔었는데, 그 중 <우주는 왜?> <지구는 왜?>는 책이 닳도록 읽었어요. 그 때 보았던 보이저호가 찍은 목성, 토성의 아름다운 사진들에 매료된 것이 가장 큰 동기가 아니었나 싶어요. 그렇게 조금씩 하지만 확고하게 우주를 배워보고 싶은 마음이 생겼던 것 같아요.

그리고 천문학을 하면서 아이들과 함께 오시는 부모님들을 많이 만나게 되는데, 그분들께선 항상 "저도 어릴 땐 별보는 것도 좋아하고 우주에 관심이 너무 많았다." 고 말씀하시더라고요. 그 말을 듣고 천문학이라는 주제 자체가 안 좋아하는 사람이 별로 없다는 것을 느꼈어요. 저 또한 그런 마음이 좋아하는 것에서 끝나지 않고, 더 공부해서 전문가가 되고 싶다는 마음가짐으로 이어져 지금까지 오게 된 거라고 생각해요.

Question 천문학자가 되기 위해 유학을 가는 것이 유리할까요?

우리나라의 천문학도 이제는 세계적인 수준의 장비와 능력을 갖추고 있어요. 그렇기 때문에 외국에서 공부하여 석·박사를 따는 것이 배움의 '질적인 면'에서는 유리하다고 생각하지는 않습니다. 대신 기회적인 측면에서 본다면 질적인 측면보다 유리하다고 할 수 있을 것 같아요. 훌륭한 석학들과 교수들의 강의와 강연, 조언을 들을 기회가 좀 더 많고, 미국 천문학회에서 개최하는 다양한 행사와 지원 기회를 노력 여하에 따라 얻을 수 있어요.

그리고 박사 취득 후 후속 연구를 진행할 수 있는 기회의 장소도 한국과는 비교할 수 없을 만큼 많이 있어요. 그래서 외국에서 공부하는 것은 개인의 성향과 목표, 공부에 대한 가치관에 따라 기회적인 측면에서는 유리할 수도 있다고 생각해요.

Question 유학생활이 힘드셨을 것 같은데요.

돌이켜 보면 저의 유학생활은 매우 즐거웠어요. 하지만 유학 생활이 절대 쉽지는 않았어요. 고등학교를 졸업하고 6개월 후에 바로 홀로 미국 유학을 시작하다보니 고등학교 시절까지 집, 학교로만 이루어졌던 단조로운 생활 패턴에서 모든 것을 다 혼자 해내어야 하는 생활 패턴으로 갑자기 바뀌게 되었어요. 한국에 있었으면 부모님의 보호 아래, 대학생활의 자유를 좀 더 만끽할 수는 있었겠지만, 유학생활을 하면서 많은 부분들의 결정이 저의 책임이 따르는 결정이었어요. 그렇다보니 매사에 신중해지고 저도 모르는 사이에 자립심과 독립심이 크게 길러진 것 같아요.

Question 전공 수업이 힘들지 않으셨나요?

공부를 따라가는 것이 쉽지 않았어요. 일단 모국어로 배워도 어려운 전공 수업이 전부 영어로 이루어지다보니 수업의 60~70% 정도는 이해하기 어려웠어요. 그래서 방과 후 집에 와서 스스로 찾아보고 복습하는 것이 저에게는 정말 중요한 일과였어요. 그렇지 않으면 무언가를 놓치고, 그 무언가를 놓치는 순간 그 학기가 위태로웠거든요.

그렇게 공부는 언제나 힘들었지만, 점차 익숙해진 후로는 여행도 다니고 좋은 시설에서 운동도 하며, 취미 생활을 즐기면서 여유를 조금씩 찾았어요. 그런 여유가 저의 힘든 유학생활을 버티게 해준 원동력이라고 생각해요. 힘든 일도, 어려운 일도 많았지만, 저는 저의 20대를 유학생활로 전부 보내면서 가치관이 많이 형성되었고, 사회생활을 위한 다양한 경험을 쌓을 수 있어서 너무나 소중한 시간이었다고 생각해요.

과학의 대중화를 목표로

▶ 세계 천문올림피아드에서 문제 출제 중

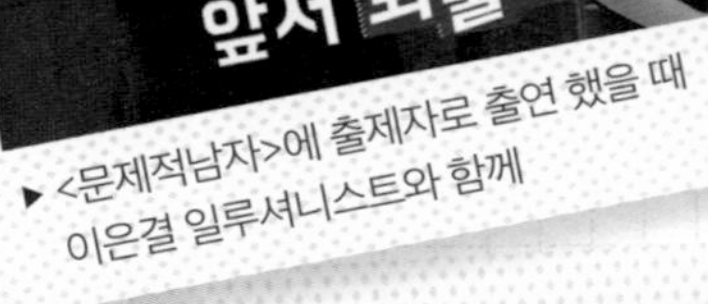

▶ <문제적남자>에 출제자로 출연 했을 때
이은결 일루셔니스트와 함께

▶ 부산 세계 마술올림픽에서 일루셔니스트
이은결의 강연 영어통역 직전의 모습

▶ 하와이 JCMT(제임스 클라크 맥스웰 망원경)의
내부 모습

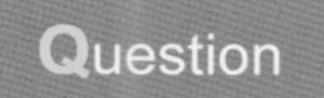

내가 정말 천문학자가 되었다고 느꼈을 때는 언제인가요?

저는 2015년 8월 15일에 박사 학위 통과 시험을 봤어요. 박사과정 기간 동안의 연구 결과와 심사위원들의 질문을 통과하면 박사 학위 자격을 얻는 것이죠. 한 시간이 넘는 시간동안 저의 5년이 넘는 기간 동안의 연구 결과를 평가받는 일은 매우 떨리면서도 설레는 일이었어요. 심사위원들의 날카로운 질문들을 받으며 제 연구 과정의 부족한 부분들도 느낄 수 있었죠. 무사히 시험을 통과하고 나니, 시험장 밖에서 많은 외국인 동기들이 기다려주고 케이크와 함께 축하한다는 말을 건네주었어요.

이 후 심사위원들의 회의를 통해 합격이라는 결과를 전달받고, 교수님의 "축하해 강 박사!"라는 말을 듣는 순간 제가 드디어 어릴 때부터 꿈꿔온 천문학자가 되었다는 생각에 너무 벅찼어요. 또한 같은 주에 한국천문연구원에서 박사 후 연구원(박사과정을 마치고 정식 연구원이 되기 전까지 논문을 쓰고 연구 경험을 쌓는 기간)으로 근무가 결정이 되면서 드디어 제가 꿈꿔왔던 저의 꿈을 이루었다는 생각에 벅찼던 감정은 말로 표현할 수가 없었어요. 그래서 8월 15일은 저에게는 학생으로써의 신분을 벗게 해 준 또 다른 의미로의 광복절이라고 생각해요.

Question 지금 하고 계신 연구에 대해 말씀 해주세요

지금은 전파 천문학을 전공하고 있고, 전파 관측을 이용해서 별의 생성과 별이 생성되는 환경과 별의 생성 조건 등을 연구하고 있어요. 전파 관측은 비나 눈이 오지 않으면 거의 24시간 관측이 가능하고, 전파는 파장이 긴 특정한 빛의 영역에서 지구 대기에 의해 방해 받지 않고 지상에서 관측 가능한 주파수의 영역대를 말해요. 대부분의 빛은 대기에서 반사되거나 산란되는데 전파는 대기를 통과해서 지구의 표면까지 닿기 때문에 그것을 이용해서 우리가 관측을 하는 거예요.

저는 천문연구원에 오기 전, 박사 과정 논문 주제로 적외선을 이용한 별의 생성에 대해서 연구를 했었어요. 그런데 천문연구원으로 오게 되면서 주제는 같지만 적외선이 아닌 전파를 통해 관측을 해야 해서 처음에는 모르는 것도, 새로 배워야 하는 것들도 많았어요. 전파 관측은 한 번도 해본 적이 없었는데, 이곳에서 하는 일들은 모두 직접 관측을 해서 얻은 데이터들을 가지고 이용을 해야 했죠. 그 동안은 NASA의 관측 데이터들을 다운로드 받아서 이용했기 때문에 관측에 대해 경험이 많지 않았는데, 3년 가까이 연구를 하면서 정말 많은 관측을 하게 되었죠. 그 덕분에 지난 5년간 무려 4,000시간이 넘는 시간을 관측한 우리나라에서 전파 관측을 가장 많이 한 연구자가 되었어요.

Question 천문연구원에서 계시면서 기억에 남는 일이 있으신가요?

제가 참여하고 있는 여러 공동연구 프로젝트 중에 하와이의 제임스 클라크 맥스웰 망원경(JCMT) 이라는 전파망원경을 사용하는 공동연구 프로젝트가 있어요. 이 프로젝트의 임무를 수행하기 위해 하와이 마우나케아 화산 정상에 관측을 다녀온 적이 있습니다. 하와이 마우나케아 정상은 지구에서 별이 가장 잘 보이는 곳 중에 하나에요. 그래서 그 곳에는 11개국이 운영하는 13개의 망원경이 운영되고 있어요. 정말 장관이죠.

제가 관측을 간 JCMT망원경도 이 13개의 망원경 중에 하나에요. 약 해발 4,400미터 정도의 고지대에 위치해 있는데 이곳에서는 여러 가지 고산증세가 나타나요. 그래서 이곳에서는 홀로 이동하면 안 되고, 14시간 이상 머물지 않도록 권고하고 있어요. 저한테도 고산증세가 나타났는데 1일차에 심한 두통을 제외하고는 큰 어려움은 없었어요. 이곳 마우나케아 정상에서 바라보는 밤하늘은 정말 아름다워요. 별이 너무 많아서 별자리가 보이지 않는 것 같은 느낌이었죠. 천문학자이기에 느낄 수 있었던 정말 기억에 남는 순간이 아닌가 싶어요.

▸ 하와이 마우나케아에 있는 천문대

Question 천문학자의 좋은 점은 무엇인가요?

컴퓨터만 있으면 공간과 장소의 제약 없이 많은 연구들을 진행할 수 있다는 것이 가장 큰 장점이에요. 천문학은 실험을 통한 검증이 어려워서 주로 컴퓨터 시뮬레이션으로 연구를 하기 때문에 장소와 공간의 제약을 덜 받아요. 저희 연구소에서도 이러한 천문학의 특성 때문에 유연근무제라는 것을 시행하고 있어요. 꼭 필요한 미팅이나 회의의 참석을 제외하고는 근무 시간이나 장소의 제약 없이 언제 어디서든 연구를 할 수 있도록 배려를 하고 있어요. 시간을 유연하게 활용하면서 자신의 연구를 마음껏 할 수 있다는 것은 최고의 장점이라고 생각해요.

Question 특별한 취미를 가지고 있으신가요?

저의 취미는 마술이에요. 고등학교를 졸업하고 유학 가기 전, 저에게 1년의 시간이 있었어요. 그 때 처음 마술이라는 걸 알았는데요. 그 때는 마술이 대중적이지 않아서, 마술하는 사람들끼리 동아리처럼 오프라인으로 만나서 서로 알려주고 배우는 시스템이 있었어요. 그 때 만난 친구가 지금은 엄청 유명해진 '이은결' 일루셔니스트에요. 은결이랑은 동갑이라서 굉장히 마음이 잘 맞았죠. 은결이랑 마술을 하면서 사람들이 신기해하는 모습을 보니까 저에게 무슨 특별한 능력이 생긴 것 같고 너무 재미있었죠. 그 때는 천문학은 잠시 잊고 마술에 푹 빠져서 살았어요. 그러던 중 은결이가 저한테 이런 말을 해주더라고요. "너는 천문학자의 꿈을 이루고 나는 마술사의 꿈을 이루어서 너도 유명해지고 나도 유명해지면 그 때 같이 새로운 것들을 해보자"라고요. 그래서 다시 공부에 전념하기 시작했죠.

지금도 은결이랑 연락하면서 지내고 있어요. 마술이라는 특별한 취미가 있으니까 주변사람들에게 한 두 개씩만 보여줘도 굉장히 좋아해요. 그리고 그 사람들이 좋아하는 모습을 보면 스트레스가 다 풀리더라고요. 스트레스가 쌓여있을 때 이렇게 건전하게 풀 수 있는 무기가 있는 건 참 좋은 것 같아요.

Question 마술과 천문학 사이에서 고민은 없으셨나요?

잠시나마 고민을 했던 거 같아요. 20살의 저는 꿈을 위해 많은 것을 시작해야 하는 시기였어요. 그런데 동시에 마술의 매력에 빠졌고, 한때는 천문학자보다는 마술사가 되어야겠다는 생각을 잠시나마 가지기도 했으니까요. 그래서 평소에 생각했던 것보다 조금 일찍 유학을 결정했어요. 한국에 있으면 계속 마술이 하고 싶을 것 같았거든요. 원래 세웠던 계획과는 조금 달랐지만, 그런 계기로 일찍 유학 생활을 시작하면서 연구에 필요한 여러 요소들과 우리보다 앞선 미국의 천문학을 빨리 경험할 수 있는 좋은 기회를 갖게 되었던 것 같아요. 그러면서 제 꿈을 위한 길들이 보이기 시작했죠. 저의 원래 꿈인 천문학자로의 길을 걸으며, 그토록 좋아했던 마술은 취미로 가져가게 되었어요. 어떻게 보면 좋아하는 두 개의 목표를 이루게 되었지요.

Question 어떤 천문학자가 되고 싶으신가요?

저는 연구소에서 연구만 하는 연구자보다 천문학과 관련된 여러 이야기를 대중들과 쉽게 나눌 수 있는 천문학자가 되고 싶어요. 역사하면 설민석 선생님이 떠오르는 것처럼 천문학하면 강성주가 떠오르게 하고 싶은 것이 저의 천문학자로서의 목표예요.

이번에 천문학을 조금 알릴 수 있는 계기로 <문제적 남자>에 출연한 적이 있어요. tvN <문제적 남자>에서 이은결 일루셔니스트와 함께 출연하여 저는 전문가로서 천문학 문제를 내는 역할이었죠. 이것으로 한 번에 큰 대중화를 이룬 것은 아니지만, 강연과 여러 만남을 통해 조금씩 천문학에 대해 많은 사람들이 관심을 갖고 쉽게 접할 수 있게 도와주는 것이 천문학자로서의 저의 목표예요.

▸ <문제적남자>에 출제자로 출연

Question 구체적으로 어떤 역할을 하고자 하는 건가요?

저의 목표를 이루기 위해서, 천문학하면 제 이름이 떠오를 수 있도록 이 분야의 최고가 되어 영향력이 있는 사람이 되고 싶어요. 좋은 연구 결과에 의해 최고가 될 수도 있겠지만, 제가 꿈꾸는 천문학자의 모습은 천문학의 훌륭한 연구결과물을 대중과 쉽게 교류하고 나눌 수 있도록 하는 것이에요. 천문학의 가장 큰 장점은 누구나 좋아한다는 것이에요. 그러한 천문학의 장점을 잘 살려서 천문학을 누구나 쉽게 접할 수 있도록 대중화시킨다면 천문학계에 대한 정부의 투자도 증가할 것이고, 결국 천문학의 발전을 가져올 수 있을 것이라고 생각해요.

Question 천문학의 대중화를 언제부터 생각하신건가요?

저의 관심사는 천문학자로서 저의 역할이에요. 제가 생각했던 천문학자로서의 저의 모습과 현재 천문학자로서의 저의 모습을 비교해보며 고민하고 있어요. 현대 천문학은 관측 장비의 발전으로 인해 점점 많은 성과들을 이루고 있어요. 최근에 그동안 이론적으로만 존재여부를 알고 있었던 블랙홀 존재를 확인하는 이미지를 촬영하는데 성공하고, 아인슈타인의 상대성 이론의 중요한 증거 중의 하나인 중력파 검출에 성공했잖아요? 하지만 이와 동시에 이러한 과학적 성과가 어떠한 의미를 갖고, 그 뒤에 숨은 과학자들의 노력은 어떤 것이 있는지에 대해 지속적으로 대중들에게 그 의미를 전달하는 것 또한 매우 중요하다고 생각해요.

아인슈타인은 1939년 뉴욕 세계박람회 기조연설에서 다음과 같은 말을 했습니다. “과학이 예술처럼 그 사명을 진실하고 온전하게 수행하려면 대중이 과학의 성취를 그 표면적 내용뿐 아니라 더 깊은 의미까지도 이해해야 합니다.” 저는 아인슈타인의 이 말을 듣고, 그동안 제가 고민해왔던 천문학자로서의 저의 모습이 어떠한 것인지를 깨달았어요. 연구소에서 연구를 하며 과학적 성과를 내는 것만큼이나 그 이상으로 대중이 과학적 성취를 더 깊은 의미까지도 이해할 수 있도록 도와주는 역할자로서 천문학뿐만 아니라 과학 전반에서 그러한 역할을 어떻게 수행할 수 있는지 많은 고민을 하고 있어요. 대중 강연 및 과학의 대중화에서 어떤 역할을 할 수 있을지가 현재 저의 최고 관심사예요.

Question 천문학의 대중화를 어떻게 실천하실 생각인가요?

천문학의 대중화를 목표로 갖게 된 계기는 미국에서 활동을 하면서 경험한 것이 커요. 미국에 있을 때, 일반 시민들에게 망원경으로 천체를 직접 보여주고, 플라네타륨과 같은 시설을 이용해서 간접체험을 통해 태양계의 행성들, 오로라, 일식, 월식 등 주제를 바꿔가면서 시민들이 볼 수 있도록 학교에서 매달 행사를 준비했었어요. 미국에서는 대부분 아이와 부모님들이 오시면 부모님들이 더 좋아하고, 아이들에게 설명도 해주면서 같이 즐기는 분위기라면, 우리나라에서는 아이들만 보게 하고 부모님들은 나가 계시는 경우가 있더라고요. 그래서 저는 어른들도 천문학을 즐기고 천문학에 관심을 가질 수 있도록 도움을 주는 천문학자를 목표로 삼고 있어요. 천문학의 대중화라는 목표를 실현하기 위해 재미있고 유익한 강연을 준비하고 더 꾸준히 공부하는 것이 앞으로의 계획입니다.

천문학을 통해 세상을 알아가다

▶ JCMT망원경 관측실에서

▶ 대덕전파망원경 관측소에서

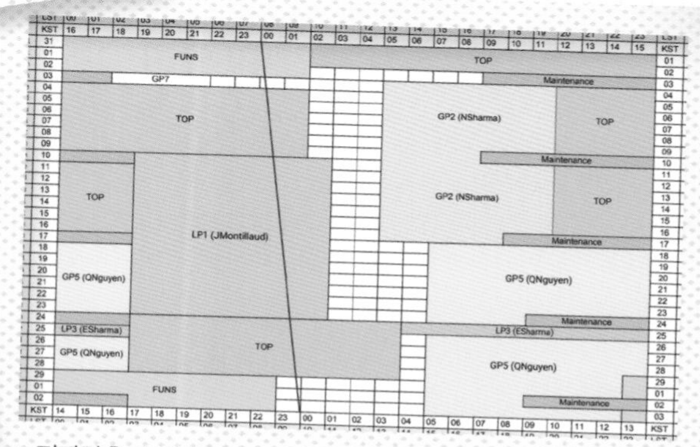

▶ 전파관측 스케줄표

▶ 부산과학축전 '천문학자를 만나다'에서 강연

Question 천문학자가 되기 위해 꼭 필요한 것이 무엇인가요?

일단은 마음가짐이 가장 중요한 것 같아요. 천문학은 정말 좋아하지 않으면 끝까지 공부하기가 쉽지 않아요. 실생활과 밀접하게 연결된 과목이 아니다보니 공부를 하다보면 무언가 뜬구름을 잡는 느낌도 들 수 있어요. 하지만 세상의 모든 학문 중에서 가장 넓은 세계를 탐구하는 것만으로도 충분히 매력적인 학문이라고 생각해요.

천문학에 대한 관심과 끈기, 그리고 자신이 왜 천문학을 하고 싶은지를 정확히 알고 있는 것이 가장 중요하다고 생각해요. 천문학에도 여러 분야가 있기 때문에 어떤 것을 공부하고 싶은지, 어디에 관심이 있는지 스스로 파악하는 것도 나중에 학교와 지도교수님을 선택하는데 정말 큰 도움이 될 거예요.

Question 천문학자가 되기 위해서는 어떤 공부를 해야 하나요?

천문학자가 되기로 마음을 먹었다면 수학과 과학은 더 관심을 갖고 공부를 할 거라고 생각해요. 반드시 필요한 부분이에요. 하지만 천문학을 하겠다고 물리에만 관심을 갖고 화학이나 생물, 지구과학 등 다른 분야를 소홀히 해서는 안돼요. 현대 천문학은 천체물리, 천체생물, 천체화학 등 여러 분야와 융합되어 많은 연구가 이루어지고 있기 때문에 두루두루 기본 이상의 지식을 쌓는 것이 중요해요. 또한 외국어 실력, 특히 영어는 필수예요. 외국 연구자들과 공동연구도 진행해야 하고, 논문도 읽어야 하고, 또 논문도 영어로 써야하니 영어 공부도 튼튼이 해두면 좋을 것 같아요.

Question

천문학과 관련해서 추천할만한 도서가 있을까요?

도서로는 칼 세이건의 <코스모스>를 읽어보는 것을 추천해요. 천문학자가 왜 천문학을 공부하려 하는지, 천문학자가 바라보는 우주에 대한 시선은 어떤지, 또 천문학뿐만 아니라 전반적으로 과학자가 가져야 하는 사명과 마음가짐을 어떻게 해야 할지 다양한 측면에서 알려주는 정말 고전중의 고전이에요. 그러나 책이 40년 전에 나와서 오래되었기 때문에 최근에 칼 세이건의 미망인인 앤 드류얀 여사가 쓴 <코스모스-가능한 세계들>을 먼저 읽는 것을 추천해요, 이 책은 현대의 천문학 발전에 대한 내용도 담고 있음과 동시에 칼 세이건의 정신을 이어받아 현대 사회가 직면한 과학적인 측면에서의 문제 인식 등 많은 주제들을 담고 있어요.

Question

추천할 만한 영화도 있나요?

1997년작 <컨택트(Contact)>를 추천해요. 제가 강연에서도 항상 언급하는 영화인데요, 전파망원경을 이용해 외계문명을 찾으려는 노력과 외계로부터 받은 메시지와 관련된 에피소드를 상상력을 이용해 멋지게 풀어낸 작품이에요. 퓰리처상 수상자이기도 했던 칼 세이건은 1996년에 돌아가셨는데, 자신의 소설이었던 '컨택트'가 영화로 만들어지는 것을 미처 보지 못하셨어요. 어떻게 보면 그의 유작과 같은 작품이에요.

그리고 다큐멘터리로 <EBS 다큐프라임 - 빛의 물리학>을 정말 추천하고 싶어요. 총 5부작이고, 상대성이론부터 양자역학까지 빛으로 이루어지는 모든 과학을 담고 있어요. 저는 이 시리즈를 여러 번 반복해서 봤는데 강연의 많은 부분도 이 다큐멘터리에서 영감을 받았어요.

Question 천문학자가 되려면 어떤 과정을 거치나요?

흔히 천문학자라고 하는 사람은 천문학에서 박사학위를 수여받았거나, 천문학과 관련된 연구 및 연구와 관련된 일을 하는 사람이라고 이야기할 수 있을 것 같아요. 따라서 천문학자가 되기 위해서는 관련된 학위가 반드시 필요해요. 박사학위 혹은 적어도 석사 이상의 학위가 필요한 이유는 원하는 연구를 하기 위해서예요. 전공은 당연히 천문학과 관련된 전공을 선택해야겠지만 화학, 생물 등 다른 전공이라도 천문학과 관련된 일을 한다면 가능하다고 생각해요.

Question 천문학자는 주로 어디서 근무하나요?

천문학자는 주로 연구소, 대학교에서 연구원 또는 교수로 근무하고 있습니다. 연구자를 선발할 때는 박사학위 소지자를 우선으로 선발하고 있습니다. 박사학위를 취득하면, 국내에서는 대부분 한국천문연구원, 대학연구실에서 박사후연구원으로 근무를 하게 됩니다. 이후 정식연구원 또는 교수로 근무하는 것이 대부분의 천문학자들이 거치는 과정입니다. 그 밖에 과학관, 천문대에서도 연구원으로 근무할 수 있고, 코딩 능력을 이용하여 여러 산업 분야의 기업이나 이미지 프로세싱 능력을 바탕으로 대형병원 같은 곳에서도 경력을 이어갈 수 있습니다. 또한 많이 사용되는 데이터 분석 능력을 바탕으로 금융기관에 취업하는 경우도 있습니다

Question 과학이 빠르게 발전하는데 천문학자는 어떻게 변하게 될까요?

천문학이 하는 일은 크게 변하지 않을 거라고 생각해요. 천문학자들은 데이터를 수집하고 그 데이터를 가지고 연구 결과를 도출해내요. 즉, 최종 결과와 판단은 인간이 하게 되는 거죠. 다만, 인공지능의 발달로 인해서 데이터를 처리하는 속도가 빨라지고 정확도가 증가한다면, 데이터 수집을 많이 할 수 있다는 장점이 생길 것 같아요. 그러한 빅 데이터를 이용하면 더욱 정확한 결과 값을 얻게 될 거라고 생각해요.

천문학으로 우주를 알아간다는 것은 쉽게 설명하자면 하나의 발톱을 보고 이게 코끼리인지 호랑이인지 하마인지 추측해내는 것과 비슷해요. 앞으로 인공지능이 더욱 발달해서 더 많은 데이터를 수집할 수 있다면, 발톱을 이용해 찾고자 하는 것의 일부분이 아닌 전체의 모습을 알 수 있을 것 같아요.

Question 천문학자를 한마디로 표현한다면 무엇일까요?

'천문학자는 철학을 과학으로 풀어내는 사람이다.'

천문학자들은 우리가 오랫동안 가진 철학적 질문에 과학적으로 대답해왔어요. 앞으로 천문학자들이 할 일도 크게 다르지 않아요. 결국 천문학자들로 인해 우리의 세상이 점점 더 넓어질 수 있을 것이라고 생각해요.

Question 천문학자가 꿈인 친구들에게 해주실 말씀은?

솔직히 말하자면 천문학 자체가 실생활에 크게 도움이 되지는 않아요. 하지만 천문학은 우리가 왜 살아가고, 어디서 왔고, 우리가 살아가는 세계에 대한 근본적인 질문에 대한 대답을 찾도록 도와주고, 종교와 철학적인 질문에도 과학적으로 대답할 수 있도록 해주죠.

다양한 데이터를 분석해서 내가 알고자 하는 것을 파악하고, 호기심을 채워나가는 것은 정말 매력적이라고 생각해요. 그래서 저는 천문학이 과학 분야뿐만 아니라 우리의 삶과 시야, 그리고 세계를 알려준다는 의미에서 중요하다고 생각하고 있습니다. 이런 노력에 동참해 줄 수 있는 친구들이 있다면 그 꿈을 키워 훌륭한 천문학자가 되기를 간절히 바랍니다.

어린 시절, 고등학교 과학 선생님이신 아버지의 영향을 받아 과학에 흥미를 느껴 선생님이 되고자 했지만, 사범대학에 진학하지 못하고 물리와 화학을 배울 수 있는 신소재공학을 전공했다. 대학에서 학생들을 가르칠 수 있는 교수가 되기로 결심하고, 그 첫걸음으로 연구원의 길을 선택하여 고려대학교 화공생명공학과의 석·박사 통합과정을 이수하고, 현재는 한국화학연구원에서 전기화학적 방법으로 효율적인 수소 생산과 고부가가치 화합물의 발생을 연구하고 있다. 현장에서 쌓은 많은 경험과 지식을 후배 연구원들과 공유하며, 우리 사회에 꼭 필요한 훌륭한 화학자를 양성하겠다는 목표를 향해 오늘도 열심히 연구에 몰두하고 있다.

화학자

한지수 연구원

현) 한국과학기술연구원 (포스트닥터)

- 한국화학연구원
- 고려대학교 화공생명공학과 대학원 석·박사
- 대전국립한밭대학교 신소재공학과 졸업

화학자의 스케줄

한지수
연구원의
하루

23:00 ~ 01:00
▸ 독서
01:00 ~
▸ 취침

08:00 ~ 09:00
▸ 기상
09:00 ~ 11:00
▸ 출근
▸ 논문 찾아보기 (동향파악)

11:00 ~ 12:00
▸ 실험계획

12:00 ~ 13:00
▸ 점심

13:00 ~ 18:00
▸ 연구준비(약품확인)
▸ 실험계산
▸ 분석장비 확인
▸ 실험
▸ 질문

18:00 ~ 23:00
▸ 가족들과의 시간

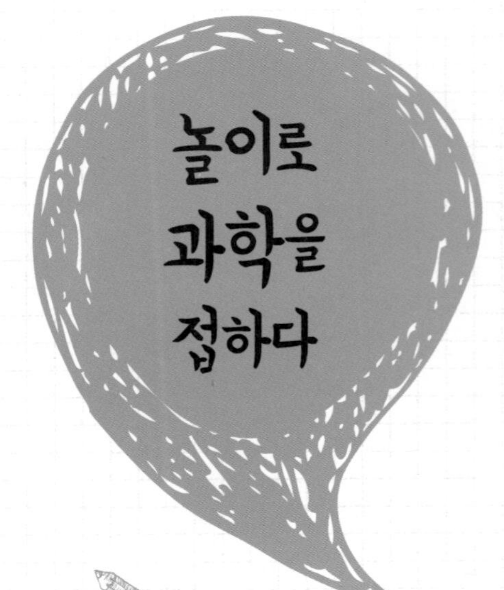

▶ 어린시절, 과학선생님 아버지와 함께

▶ 고등학교 친구들과 함께

▶ 대학교 우수졸업 상장, 상패

Question

학창시절을 어떻게 보내셨나요?

저는 사실 초등학교 때만 해도 원래 만화가가 꿈이었어요. 그래서인지 그때는 만화를 보고 그림을 그리기도 했었고, 또래 아이들처럼 친구들과 오락실 가는 것을 좋아하는 평범한 학생이었어요. 중학교에 진학해서는 활발한 친구들과 어울리면서 좀 더 외향적으로 변했는데, 이 시기에 운동도 좋아하게 되었고, 과학에 관심이 생기면서 공부도 열심히 하게 되었어요. 그리고 친구들에게 가르쳐 주기도 하면서 과학에 조금씩 자신감을 얻은 시기이기도 해요. 그렇게 많은 친구들과 두루두루 사귀게 되면서 고등학교 때에는 전교 부회장도 했었어요.

Question

학창 시절, 어쩌다 과학에 관심이 생겼었나요?

저는 고등학교 생명과학선생님이신 아버지를 통해 어려서부터 과학을 많이 접할 수 있었어요. 숙직하실 때에는 저를 학교에 불러 과학실을 구경시켜 주시면서 플라스크나 비커 등 여러 장비들에 대해 설명해 주셨고, 주말에는 현미경을 집에 가지고 오셔서 여러 관찰을 할 수 있도록 하셨어요. 이렇게 과학을 단순히 공부하는 느낌이 아니라 즐거운 놀이로 접하게 되었고 그때 흥미가 많이 생겼어요.

과학에 관심과 흥미를 느끼다보니 자연스럽게 궁금한 것도 많아지고 그만큼 배우는 것도 많아졌어요. 아는 것이 많아지면서 학교과학시간에는 선생님들의 질문에 대해 금방 답을 하였고, 과학을 주제로 한 발표도 많이 하게 되었어요. 그러다보니 어느 순간 친구들 사이에서 '한지수는 과학은 정말 잘 하는 아이'라는 인식이 생겼고, '과학 맛집'이라는 별명까지 생기게 되었죠. 그렇게 공부도 열심히 하게 되고 친구들에게도 많이 알려주고 하면서 과학에 자신감이 생기고 과학에 더욱 빠져들게 되었어요.

Question 대학교 전공은 어떻게 선택하셨나요?

저는 과학 선생님이셨던 아버지의 영향을 많이 받아서 아버지처럼 학생들에게 지식을 전달해 주는 선생님이 되고 싶었어요. 그러면 사범대를 가야 하는데, 저는 과학은 잘 했지만 다른 과목의 성적이 좋지 못해서 사범대를 가지는 못 했어요. 하지만 물리와 화학을 주요 전공 과목으로 공부하는 신소재공학에 관심이 생겨 한밭대학교에 있는 신소재공학과에 진학하게 되었어요.

Question 신소재공학과는 어땠나요?

고등학교 때는 과학 외에 공부하는 하는 재미를 몰랐었어요. 그런데 대학교를 오고 제가 좋아하는 분야를 심층적으로 배우다보니 더욱더 공부에 흥미를 느끼고 열심히 하게 되었어요. 그러면서 자연스럽게 우수한 성적을 낼 수 있었고, 거기서 오는 성취감과 자신감을 많이 느낄 수 있었어요.

Question 연구원의 꿈을 꾸게 된 계기는 무엇인가요?

대학교 때 평생지도 교수님제도라고 해서 교수님과 상담을 하는 제도가 있었는데, 그 때 교수님께서 저에게 "너는 이 과에 왜 들어왔니?"라고 물어 보시는 거예요. 그래서 저는 원래 꿈은 과학 선생님이었지만, 사범대를 가지 못하여 차선책으로 과학을 많이 배울 수 있는 신소재공학과가 끌렸고 이 쪽 분야에서 열심히 해서 성공 해야겠다는 생각이 들어 들어오게 되었다고 말씀 드렸어요. 그러니 교수님께서 "그럼 이 분야에서 성공하는 길은 무엇이 있을 거 같아?"라고 물어 보셨죠. 그래서 곰곰이 생각해보니 과학 선생님을 못한다면 이 분야에서 학생들을 가르칠 수 있는 교수가 되면 좋겠다는 생각이 들어 말씀 드리니 교수님께서 웃으시면서 "'교수가 되기 전에 일단 연구원이 돼."라고 하셨어요. 교수가 되려면 어느 정도 과정이 필요한데 먼저 대학생활을 열심히 하고 그 다음 연구원이 되어 세계적인 실적을 쌓아 누구나 인정할만한 전문가의 과정을 거치면 멋진 교수가 될 수 있다고 말씀해 주셨어요. 그 말을 듣고 연구원을 해야겠다는 확신이 들었던 거죠.

Question 최종 목표가 교수라고 하셨는데 가장 큰 이유가 뭘까요?

과학 선생님이셨던 아버지의 영향으로 과학을 좋아하게 되었고, 내가 아는 지식들을 친구들에게 알려주고 보람을 느끼면서 자연스럽게 선생님이 되고 싶었던 것 같아요. 지금은 더 나아가 교수가 되는 것이 최종 목표가 되었어요. 연구를 하면서 많은 후배들을 만나는데, 적은 경험 탓인지 부족한 게 많다는 것을 느꼈어요. 그럴 때 누군가 적극적으로 도움을 주고 많은 지식들을 공유해준다면 더 빠른 시간에 좋은 연구원이 될 수 있을 거 같다는 생각을 하게 되었죠. 그래서 제가 교수가 되어 사회 발전에 이바지 할 수 있는 많은 학생들을 양성하고 싶다는 목표가 생기게 되었고, 지금은 그 목표를 향해 열심히 달려가고 있습니다.

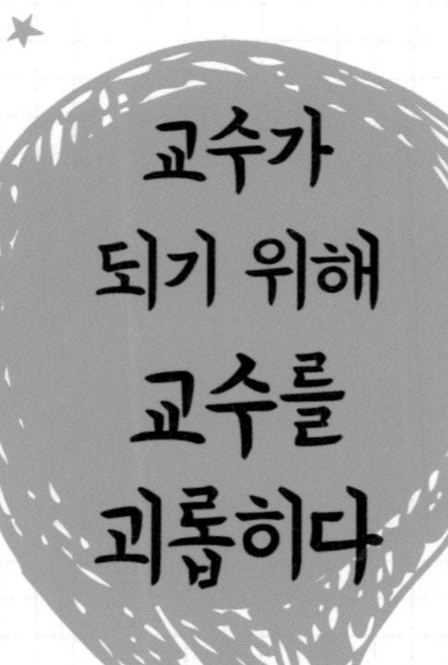

▶ 대학교 졸업식

▶ 한국화학공학회 (우수포스터발표상 수상)

▶ 대학 시절, 교수님 연구실에서

Question 연구원이 되기 위해 어떤 노력을 했나요?

교수가 될 결심을 하고 연구원이 될 계획을 세우다보니, 연구원이 될 방법도 잘 모르고 이렇다 할 정보가 없어서 막막하더라고요. 그래서 우선 가까운 선배님들한테도 물어보곤 했었는데, 아무래도 선배님들도 연구원이 아닌 학생이었기 때문에 큰 정보를 얻지 못했어요. 그래서 대학교 1학년 때 넘치는 패기로 실례될 줄 알면서 교수님들 방을 마구 찾아 갔어요. 학교에 교수님들 사진이 쭉 걸려있는데 그걸 보고 무작정 전공과도 상관없이 수업이 없는 시간마다 찾아가서 저 연구자가 되고 싶은데 어떻게 하면 될 수 있냐고 다짜고짜 물어 보곤 했었죠. 그냥 열정 하나로 그랬던 거 같아요.

Question 교수님들의 반응이 어땠나요?

갑작스럽게 찾아와 굉장히 혼내실 줄 알았는데, 교수님들이 오히려 너 같은 애는 처음 봤다고 하시면서 반겨주셨어요. 원래 교수님들이 학생들과 어울리고 싶어 하시는 분들도 많고 학생들이 질문하러 방문하는 것을 굉장히 좋아하세요. 그래서 기분 좋게 연구원이 되는 과정에 대해 잘 알려주시기도 하시고 많은 도움을 주셨어요.

Question 교수 연구실은 어떻게 들어가신 건가요?

저희 과에서는 보통 3학년 혹은 4학년 때는 담당교수님을 정해서 그 교수님의 연구실로 들어가서 연구를 조금 배울 수 있는데요. 저는 한 선배의 도움으로 2학년 때부터 학생 연구원으로 들어가 활동을 했었어요. 하루는 그 선배가 저에게 성적도 곧잘 나오는 친구니까 본인이 있는 연구실에 들어 올 생각이 없냐고 물어 보더라고요. 그래서 2학년인 제가 들어갈 수 있냐고 하니 그냥 들어와서 보조해주며 어깨 너머로 미리 배우면 좋을 거 같다고 하였고, 그때부터 실험실 생활을 졸업할 때까지 계속 하게 되었어요.

Question 대학원은 언제부터 어떻게 준비하셨나요?

저는 미리미리 하는 것을 좋아해서 대학원 준비를 대학교 3학년 때부터 시작했어요. 사실 정보를 많이 얻을 수 있는 뉴스나 기사를 찾아보는 훈련이 되어 있지 않아서, 여러 대학홈페이지에 방문하여 화학, 화공, 신소재 등 교수님들을 찾아보고 컨택 메일을 보냈어요. 컨택 메일이란 내가 이곳에 왜 들어가고 싶은지에 대해 간략하게 동기, 성적과 간단한 이력서를 써서 보내는 메일이에요. 교수님이 마음에 들면 답장 메일을 보내주시기도 하세요.

메일을 보낼 때는 이 연구팀에서 어떤 연구를 하는지 미리 알아보고 조사해서 메일에 한 줄이라도 관심을 표현한다면 아무래도 더 유심히 보시게 되겠죠. 요즘 학생 중에는 컨택 메일을 보낼 때 뭐하는 곳인지도 잘 모르고 성의 없이 보내는 경우가 있는데, 그런 점이 조금 아쉬워요. 컨택 메일을 보낼 때에는 사전에 준비를 많이 해서 연구 교수님의 마음을 사로잡을 수 있는 자기 PR과 열정적인 자세를 최대한 전달해야 해요.

Question 정말 '화학자가 되었구나'라고 느꼈을 때는 언제인가요?

제 이름으로 처음 논문이 나왔을 때요. 이 논문은 SCI급으로 세계적으로 알아주는 등급인데, 제가 실험한 결과를 논문으로 내면, 세계적으로 유명하신 석학 분들께서 심사를 해 과반수를 넘어야 통과가 되는 거예요. 심사하는 분들이 궁금한 게 있으면 영어로 메일을 보내서 물어보면 답변을 해줘야 해요. 그렇게 까다로운 과정을 거쳐 출판이 된 후 인터넷에 제 이름을 검색해서 논문이 나왔을 때에는 그걸 뽑아서 액자로 간직하고 있을 정도로 가장 자부심을 느꼈어요.

Question 논문 심사에 통과했을 때 기분이 어떠셨나요?

기분이 정말 좋았어요. 그리고 제 논문은 구글에서도 찾아볼 수 있는데, 누군가 실험을 할 때 제 논문을 참고해서 논문이 나오면, 인용이 되었다고 구글에서 알려줘요. 그 인용 지수가 점점 올라가면서 느낀 건 내 연구가 세계 발전에 조금이나마 기여를 할 수 있구나하는 그런 자부심이 생기면서 뿌듯하고 신기하기도 했어요. 그와 동시에 논문을 쓸 때 정확한 사실을 근거해서 내용 작성을 해야 한다는 책임감도 같이 생겼어요.

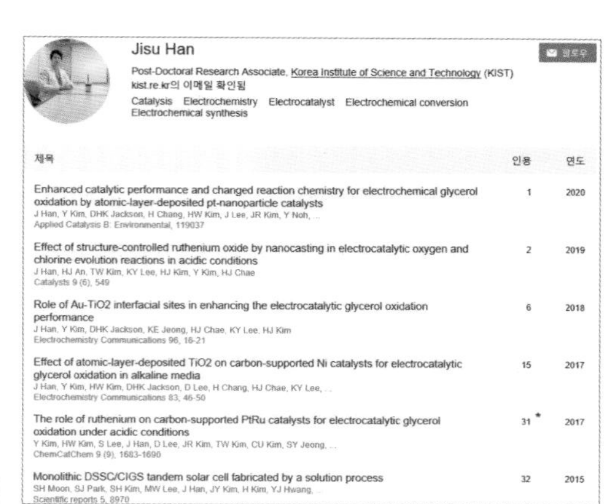

▸ 논문 검색_구글에서

Question 대표적으로 어떤 연구를 하셨나요?

화학연구원에서는 값이 저렴한 화합물을 전해질에 녹여 전극을 꽂아서 전기 분해를 해서 상대적으로 비싼 화합물을 얻어내거나 수소를 얻는 연구를 했어요. 전기 분해를 할 때, 촉매를 써서 조금 더 전기를 덜 사용하고 분해를 할 수 있는 방법을 연구했습니다. 전기료가 비싸잖아요. 예를 들어서 물에 전기 분해를 하는 데 1.23V가 들어가는데 촉매를 쓰면 그보다 적은 양인, 예를 들면 0.7V에서도 분해가 된다더라, 이런 전기화학 분야의 촉매 연구를 했어요.

값이 저렴한 화합물은 화장품에도 들어가는 성분인 '글리세롤'이라는 화합물로, 1Kg당 0.3달러에요. 이것을 촉매로 써서 선택적으로 전기분해를 하면 나오는 물질들이 몇 개가 있는데 하나에 3~7달러로 다양하게 있어요. 결국 0.3달러짜리를 분해해서 5달러짜리로 만들면 값어치가 몇 배 상승한 물질을 만드는 거잖아요. 이것을 고부가가치 화합물이라고 하고, 이런 것들을 연구하며 산업에 도움이 되는 일들을 하고 있어요. 또, 요즘 수소차 수요도 많아지고 수소 기체에 대한 이슈가 활발한 가운데 수소 생산에 대한 연구도 하고 있습니다. 때문에 수소도 동시에 생산하는 연구를 했습니다. 그리고 현재는 한국과학기술연구원에서 효과적인 수소발생을 위한 물 전기분해 촉매관련 개발 연구를 진행하고 있습니다.

대학교 커플에서 결혼까지 하셨는데, 두 분의 대학생활은 어땠나요?

대학교의 모든 수업을 함께 수강하면서 서로 함께할 시간이 많아 행복한 대학생활을 할 수 있었어요. 솔직히 대학생활 내내 서로의 미래를 위해 데이트하는 시간보다 공부하는 시간이 더 많았지만, 혼자가 아닌 둘이 함께 부족한 점을 서로가 채워주며 공부를 할 수 있어서 좋았어요. 그래도 공부만 한 건 아니고 짬짬이 데이트를 즐겼습니다.

공부가 늦게 끝났기 때문에 심야에 데이트를 할 경우가 많았지요. 저희는 주로 영화관 데이트를 했었어요. 심야영화라 관람료가 저렴했고, 관객도 많지 않아서 편안하게 데이트를 즐겼지요. 공부가 정말 힘든 날은 영화관에서 영화를 보며 서로 꾸벅꾸벅 졸았던 기억도 나네요. ㅎㅎ.

▶ 대학교 때부터 함께한 학교커플과 마침내 결혼

▶ 실험 장면

▶ 취미로 즐기는 복싱

Question 화학연구원이 되려면 어떻게 준비해야하나요?

화학자라고 하면 전문 연구직이잖아요. 전문적으로 연구를 하는 사람이기 때문에 석사까지 과정을 마쳐도 전문적인 화학자가 되기 힘들고, 박사까지의 과정을 수료해야 해요. 대학교 4년, 석사 2년, 박사가 최소 3년에서 최대 10년까지 될 수 있는 학위과정이 있기 때문에 정신적으로나 체력적으로나 흔들리지 않게 관리를 잘 해줘야 할 거 같아요.

그리고 또 자신이 원하는 분야의 뉴스나 기사를 접하다 보면 어느 학교의 연구팀이라고 뜨는 것을 볼 수 있는데 잘 보고 기억해 두는 게 좋아요. 본인이 대학교를 선택하는 데 있어 원하는 분야의 전문적인 학교와 교수님을 만나고 이후에 대학원을 선택하는 데 있어 중요한 부분이기 때문이에요.

Question 그 밖에도 화학연구원을 준비할 수 있는 방법이 있을까요?

박사과정을 받고 필수 과정은 아니지만 포스트 닥터라고 흔히 포스닥이라고 하는데 박사 후 연구원 제도가 있어요. 이것은 본인이 생각하기에 박사까지 했을 때 내 연구 논문의 실적이 조금 떨어진다던지 아니면 스스로 부족하다고 느꼈을 때 이력서를 학교 교수님들이나 연구 기관에게 넣어 일정기간 연구를 하면서 경험을 쌓는 거죠. 사실 이런 과정도 중요하지만 본인 경쟁력을 키우기에 가장 중요한 것은 논문 실적이에요.

Question 화학연구원이 되려면 어떤 과목이 가장 중요한가요?

화학연구원이 되고 싶은 친구들이라면 다른 건 몰라도 영어, 물리, 화학은 잘하면 좋겠다고 생각해요. 그리고 기본적으로 우리의 신체도 화학의 유기체이므로 생물과도 연관이 많아서 생물도 잘 하면 좋아요. 제가 직접 공부 해보니 필수는 아니더라도 과학 과목을 적어도 2과목은 화학-물리이든지 화학-생명과학이든지 이렇게 확실히 해두면 학과 전공 수업시간에 큰 어려움 없이 편하게 들을 수 있어요.

제가 지금 하는 것도 물리와 화학을 섞어서 하는 일이기도 하고 요새는 과학이 화학자, 물리학자, 생물학자 등처럼 세분화 되어 있지만 융합복합의 시대이잖아요. 그래서 한 가지만 잘 해서는 힘들고 여러 분야로 지식을 쌓아 둔다면 연구할 때 도움이 많이 되고 번뜩이는 아이디어가 샘솟을 수 있으니, 다양한 과목을 잘 할 수 있으면 좋을 것 같아요.

Question 추천해 주실만한 다른 활동이 있나요?

전문적 지식을 쌓는 것도 중요하지만 저는 인문학적 소양도 중요하다고 생각하기 때문에 책을 많이 읽는 것을 추천해요. 인문학이나 소설책도 좋아요. 책을 읽다 보면 사고도 깊어지고 나중에 논문을 쓸 때도 많은 도움이 됩니다.

그리고 운동도 꾸준히 하는 것이 좋은데 실험을 하다 보면 체력이 많이 필요하기 때문이에요. 실험에 실패하면 처음부터 다시 시작해 밤새워 실험을 해야 하는 경우도 있고 스트레스를 받기도 하기 때문에 체력 안배가 중요해요.

Question 연구원님은 스트레스를 어떻게 푸나요?

연구를 진행하다 보면 어떤 연구 분야를 막론하고 많은 스트레스를 받아요. 머리를 쓰는 직업이라 종종 두통이 오기도 하고 한순간에 갑자기 무기력해지기도 하지요. 이럴 때 저는 취미생활을 통해서 스트레스를 풀곤 해요.

▶ 취미로 하는 음악과 작곡

제 취미활동은 두 가지가 있어요. 어렸을 때부터 음악 감상과 노래 부르는 것을 좋아하고 작곡에 대한 흥미가 있어서, 기타와 미니건반을 이용해 음악을 취미 활동으로 하고 있고, 복싱을 하면서 스트레스를 풀고 있어요. 작곡은 개인적인 흥미가 있어야하기 때문에 취미로 접근하기 쉽지 않지만, 운동은 흥미로운 종목을 선택해서 꾸준히 하는 것이 좋아요. 운동을 통해 땀을 한번 쭉 내고 나면 몸과 마음도 개운해지고 스트레스도 풀리기 때문에 운동은 스트레스 해소 방법으로 정말 추천해요.

Question 화학 연구에서 가장 힘든 건 무엇인가요?

화학물은 굉장히 민감해요. 장마철에 습도가 조금이라도 높아진다면, 실험결과가 전혀 다르게 나옵니다. 그런 민감한 화학물을 다루다보면 예민해질 때가 많죠. 게다가 그 작은 것들의 반응 메커니즘이 굉장히 복잡해서 조금이라도 잘못되면 다 틀어져 버리는 경우가 있어서 그럴 때 찾아오는 정신적인 스트레스가 가장 힘듭니다.

그리고 눈에 보이지 않기 때문에, 상상력을 동원해서 화학반응의 예측 결과를 이끌어 내기가 쉽지 않아요. 하지만 저는 만화가가 꿈이었기 때문에 그런 예측과정을 그림으로 그리는 걸 항상 즐겨하고, 정말 좋아해요. 제가 그린 예측 결과대로 실험이 이루어진다면, 그 쾌감은 말로 설명할 수 없죠.

Question 화학연구원은 어디에서 일할 수 있나요?

화학자의 장점 중에 하나는 화학 분야가 다양하다는 거예요. 우리가 사는 세상이 모두 화학으로 이루어져 있잖아요. 요즘 추세로는 석유화학이라고 해서 정유 산업, 옷감, 플라스틱과 같은 분야나 배터리사업 분야를 많이 선택하더라고요. 화학연구원의 진로는 국책 연구원(국가 책임연구원)뿐만 아니라 세계적으로 선도하고 있는 석유화학과 전지산업 관련 기업들도 많아 선택의 폭이 넓은 편이에요. 그래서 일반 민간기업 화학연구원으로도 많이 들어가죠.

Question 연구원님께서 생각하시는 화학자는 어떤 직업인가요?

다양한 분야의 과학자들이 있지만 그 중에서도 화학 분야는 우리의 삶에 가장 밀접하게 연관이 되어있어요. 예를 들어서 우리가 먹는 음식을 비롯해서 음식을 조리하는 기구, 읽는 책, 필기도구, 옷, 길, 집 등 모든 물질이 화학을 빼놓고 얘기할 수 없을 정도인데, 그런 걸 발명해서 만들어내는 게 화학자니까 정말 연금술사 같은 직업이라고 생각해요.

여기서 잠깐! 화학자가 되기 위한 TIP

석박사통합과정 => 석사 과정과 박사 과정을 하나로 합친 대학원의 교과 과정

연구원으로 인정받기 위해서는 꾸준한 연구가 필요하며, 반드시 박사학위를 취득하는 것이 좋아요. 박사는 대학교 이후, 대학원에 진학해 석사학위를 받고, 더 공부해야 취득할 수 있어요. 보통 5년 이상의 기간이 걸리죠. 하지만, 석·박사 통합과정이라는 것이 있어요. 석사과정과 박사과정을 통합하여, 석사학위논문 제출 및 박사과정 입학전형을 거치지 않고, 박사학위를 취득하는 과정이에요. 이를 통해 박사학위를 취득할 수 있는 최단 기간은 4년이에요.

어린 시절, 꿈과 끼가 많았던 아이는 결국 물리학을 선택했다. 대학 시절 응용물리학을 접하며, 어렵고 복잡한 지식을 더 명확하게 이해하기 위해 노력했다. 학문적 성취를 다지기 위해 단순히 숙지하는 데 그치지 않고, 타인에게 설명 가능한 수준까지 공부하고 연구하여, 이 과정에서 습득한 지식을 응용해 사람들에게 전수할 수 있는 역량도 확보했다. 주도적 자기학습으로 대학원까지 진학해 박사 과정에서 응용물리학 중 응집물리학을 중점적으로 연구했다. 단국대학교 응용물리학을 전공하고 동 대학 이학(물리학)박사가 되었다. 나노센서바이오연구소 연구원을 역임하다가 지금은 대학에서 물리학을 강의하며 노벨 물리학상을 꿈꾸는 여성과학자이다.

물리학자

윤미영 연구원

현)단국대학교 연구원

- 나노센서바이오연구소 연구원
- 단국대학교 응용물리학과 석 · 박사
- 단국대학교 응용물리학과 학사

물리학자의 스케줄

윤미영
연구원의
하루

집중력과 오기를 지닌 여성과학자

▶ 어린시절_부모님과 함께

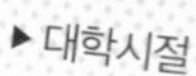

▶ 대학시절

▶ 박사 졸업식

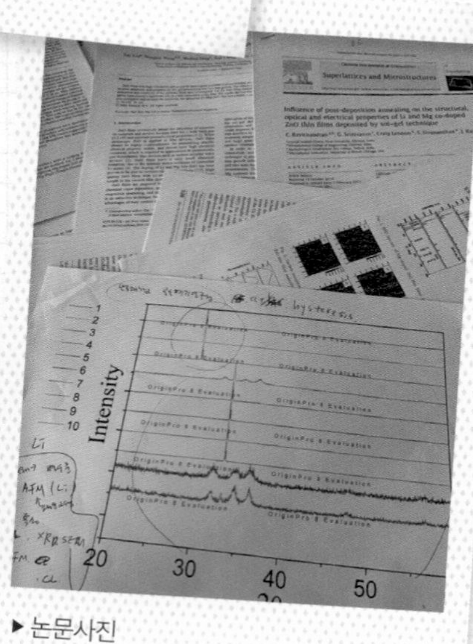

▶ 논문사진

학창시절에는 어떤 학생이었나요?

저는 공부하는 것을 싫어하지는 않았던 것 같아요. 특히, 영어와 수학 과목을 좋아해서 성적이 항상 좋은 편이었죠. 부모님께서 강압적으로 공부를 시키신 건 아닌데 욕심이 많아서 스스로 새벽 2시까지 공부하고 아침 6시에 일어나곤 했었어요.

그리고 저는 어렸을 때부터 오기와 집중력이 있었어요. 한번은 과학시간에 개구리 해부실험이 있었는데 제가 개구리가 너무 무서워서 실험도 못하고 울었거든요. 그래서 저만 실험점수를 못 받았던 적이 있었는데, 어찌나 억울하던지 며칠을 더 울었던 기억이 있어요. 그러나 그 후 공부를 열심히 해서 그 다음 기말시험에서 보란 듯이 100점을 받았었죠.

Question

어린 시절, 부모님은 연구원님에게 어떠셨나요?

제 부모님의 교육관은 매우 특이하였습니다. 매번 “윤미영, 해보긴 해봤어?”라고 말씀하실 정도로 끊임없는 호기심과 다양한 경험을 통해 스스로 답을 구하는 과정을 중시하셨습니다. 많은 경험을 하게 해주셨지만 정해진 정답을 강요하지 않으셨습니다. 항상 결과보다는 결과를 향해 나아가는 과정을 중시하셨으며, 이는 곧 공식화, 수치화 되어있는 물리학을 공부하는데 있어 가장 중요한 저의 가치관이 되었습니다.

Question 학업 외에 특별히 기억에 남는 활동이 있나요?

운동을 많이 했어요. 등산, 수영, 볼링, 승마, 펜싱, 요가 등 다양하게 운동을 많이 했어요.

중학교 시절에는 영어 과목에 흥미를 느껴 전국 영어말하기 대회에 참가하여 입상한 경험이 있습니다. 이런 경험은 대학시절 미국, 일본, 동남아, 유럽 등 해외여행을 다녀오거나 해외 연수를 갔을 때 많은 도움이 되었고. 그 때 경험한 것들로 인해 견문을 넓힐 수 있었어요.

Question 물리학자로 진로를 결정한 후 방황한 적은 없었나요?

저는 학사, 석사, 박사를 모두 물리학과를 나왔는데 사실 중간에 진로 방향에 대해 고민을 한 시기를 두 번 정도 겪었어요. 한번은 학사 졸업 후 조금 뜬금없을 수 있지만 스튜어디스란 직업에 대한 로망이 있어서 스튜어디스를 준비하려고 했었어요. 하지만 부모님의 반대로 하지는 않았어요. 부모님께서는 누구보다 제 성격과 성향을 잘 알고 계신 분들이기 때문에 제가 계속 공부하기를 바라셨던 거죠.

그리고 그 이후 석사 과정을 공부하던 중에 부모님께서 의과 대학으로 편입하는 것이 어떻겠냐고 권유를 하셨어요. 그 때 굉장히 고민을 많이 했었지만 풀리지 않던 물리학 문제를 해결했을 때 찾아오는 그 희열감에 매력을 느껴 이학(물리학)의 길을 포기하지 않고 계속 걷게 되었습니다.

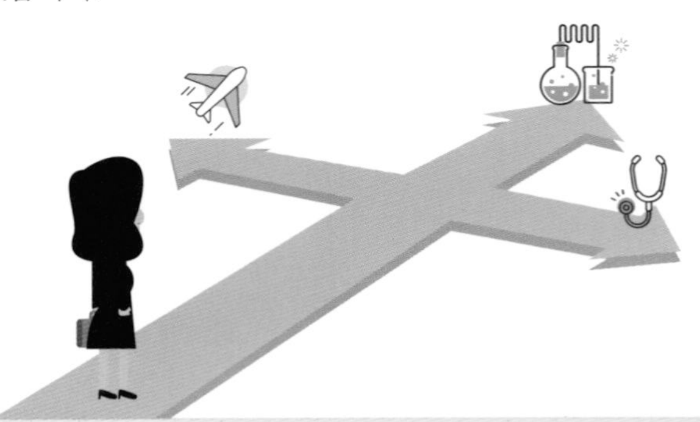

물리학자가 된 계기는 무엇인가요?

남들이 하지 않는 첨단 기술을 연구한다는 자부심이 있고, 언젠가 저의 연구를 통해서 이 시대의 새로운 장을 열 수도 있다는 점에 매력을 느꼈어요. 그리고 점차 내가 대한민국에서 현존하는 가장 훌륭한 '여성 과학자' 가 되고 싶다는 목표와 일념이 생기면서 열심히 달렸습니다. 요즘은 몇 없는 여성과학자라는 소리를 듣는데요. 그럴 때마다 뿌듯함을 느껴요.

2019년도에 55년 만에 여성이 최초로 노벨 물리학상을 수상하였는데, 제가 그분의 강연을 직접 들은 적이 있거든요. 알고 보니 그 분께서 대학원 때 쓰신 논문인데 50년이 지난 후 인정을 받아 노벨상을 받으신 거예요. 거기서 큰 감동을 받았어요. 제가 연구한 실험들이 나중에 재조명받아 노벨 물리학상을 받을 수도 있고, 오랜 시간 기억될 물리학자가 될 수도 있지 않을까하는 생각이 들었지요.

Question

부모님과 진로에 대한 의견 충돌 시, 어떻게 극복 하셨나요?

저는 어릴 때부터 다른 아이들보다 허약한 체질이었기 때문에, 부모님께서 예체능에 대한 교육을 시키셨어요. 기본적으로 수영, 탁구, 테니스, 볼링 등 다양한 운동을 통해 체질개선에 노력을 해왔고, 특히 수영 실력에서 두각을 보여 운동선수로 진로를 계획하였으나 저 스스로가 중학교에 진학을 하면서 학업에 대한 열정이 높아졌어요.

그래서 부모님과 진로에 대한 의견 충돌은 크게 없었으나, 작게나마 있었다면 부모님께서는 물리학자라는 직업이 여성으로서 하기 어려운 분야라고 생각하셔서 걱정을 많이 하셨지요. 저는 그런 부모님께 미래에 대한 계획과 물리학에 대한 비전을 설명해 드리고, 부모님들께서 이루지 못했던 학업에 대한 열정을 제가 이루겠다고 설득하였고, 결국 저의 확고한 의지와 설득을 통해 부모님의 이해를 이끌어 내었죠. 현재는 부모님께서 제가 선택한 진로에 대해서 걱정하지 않고 너무 자랑스러워하십니다.

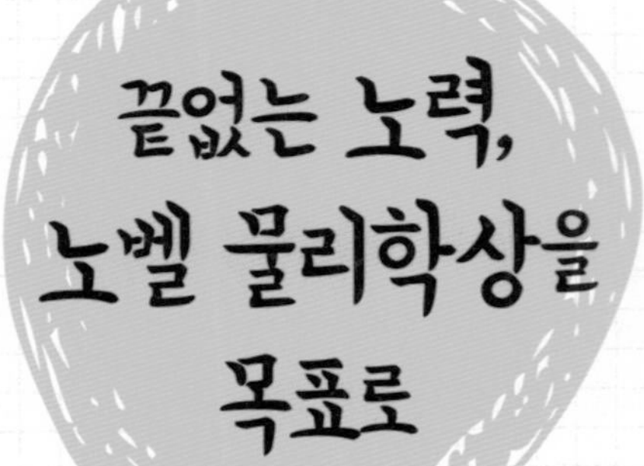

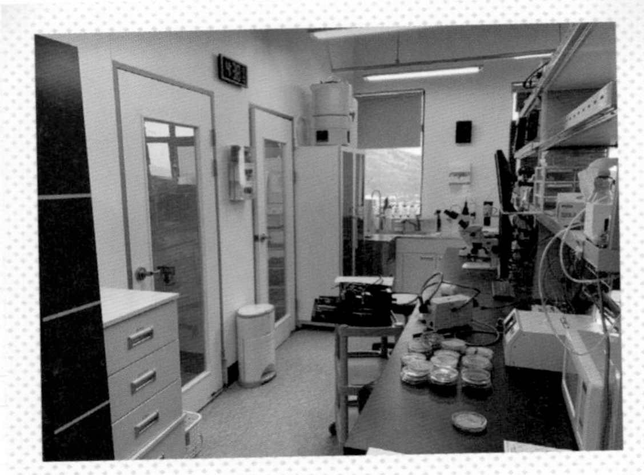

▶ 실험실

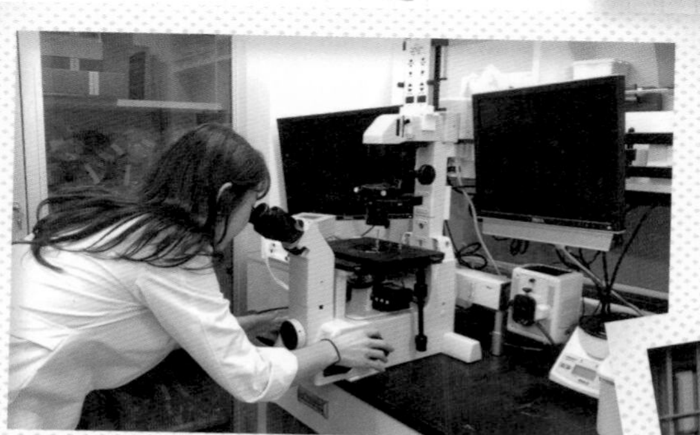

▶ 연구실에서 실험 중

▶ 대학원 _헝가리 물리학회 참여

▶ 강의 준비 중

Question 공부하면서 가장 기억에 남는 일은 무엇인가요?

저는 대학원 시절 가장 열정적으로 살았던 그 때가 가장 기억에 남아요. 항상 제일 먼저 학교에 가서 가장 늦게 나오는 게 일상이었는데, 내가 이렇게 열심히 살고 있다는 생각에 뿌듯했었죠.

박사 때는 힘들었던 기억이 많이 생각나요. 실험 결과도 잘 안 나오고, 실험 방법과 시스템도 기존에 해왔던 것들과 많이 달랐어요. 그리고 제가 그 실험에서 장을 맡았는데, 아무래도 석사 때랑은 다르게 부담감과 무게감을 느꼈죠. 그 때는 집에도 못가고 실험실에 침실을 두고 밤을 새는 일이 허다했어요. 그렇게 몸은 힘들었지만. 하루를 마무리 하면서'아, 그래도 오늘 하루 잘 살았다.' '너무 재밌고 행복하다.'라는 생각을 했어요. 이 일은 제 천직이라고 생각해요.

Question 물리학 박사가 되었을 때 어떠셨는지요?

박사 논문이 통과하고 제가 박사 대표로 학교에서 상을 받은 적이 있어요. 제가 물리학을 15년 넘게 하면서 인생의 마침표는 아니지만, 할 수 있는 모든 학위과정의 마침이라고나 할까요? 그 때 얼마나 북받치고 감격스러운지 눈물이 많이 나더라고요. 그 때 부모님도 뒤에 계셨는데, 저에게는 아닌 척하셨지만 같이 우신 거 같았어요. 그리고 그 동안의 과정이 주마등처럼 스쳐 지나가면서 뭉클했었어요. 하지만 여성과학자로서의 제 꿈의 끝은 아니기 때문에, 앞으로도 해야 할 일은 무궁무진 하다고 생각해요.

Question 물리학을 연구하면서 가장 힘들었던 적이 있으신가요?

실험을 하다 보면 다치기도 하고 화상을 입기도 하고 가끔 독성 성분을 실험하다 보면 두드러기가 나는 경우가 있는데, 이런 일들은 많은 연구원들이 종종 겪는 일이에요. 그런 부분이 가끔 힘든 부분이죠.

그리고 제가 장시간 서서 실험을 하거나 앉아서 논문을 쓰는 시간이 많다 보니까 허리가 좀 안 좋았는데, 한 번은 일주일씩 들어가는 세미나에 참여하게 되었어요. 그런데 거기서 갑자기 급성 디스크가 터져 버린 거예요. 그래서 들어간 지 이틀 만에 응급차에 실려 나오고, 병원에 2주 정도 입원을 한 적이 있었어요. 지금도 여전히 허리가 좋지 않아서 몇 년에 한 번씩 병원 신세를 지고 있을 만큼 허리는 고질병이 되어 버렸죠.

Question 가장 기억에 남는 에피소드가 있나요?

대학원 시절에 건물 꼭대기 층이 저희 물리학과였고 그 아래층이 과학교육과였는데, 어느 날 혼자 남아 실험을 하던 중에 갑자기 소방관님들이 급하게 뛰어 올라오시더니 빨리 내려가라고 하시는 거예요. 알고 보니 과학교육과에서 사람이 들이 마시면 정신을 잃을 수도 있는 액체 성분을 사용하는데 그게 와르르 무너져 깨져 버린 거예요. 밖에서 그렇게 소리를 질렀다는데 저는 실험에 빠져 있어서 듣지 못했었죠.

하마터면 저도 정신을 잃을 뻔한 큰 사건이었는데 한번 실험을 시작하면 연구에만 집중하니까 실험에 몰두해서 아무것도 못 들었어요. 그때 생각하면 지금도 아찔하고 가장 기억에 남는 일이에요.

지금까지 어떤 연구를 하셨나요?

대학원 때는 바이오칩 기술의 하나인 프로틴 칩을 연구했는데 이것을 이용해서 유리 기판을 제작하는 거예요, 이 연구는 유리 기판 위에 사람의 혈액을 떨어뜨리면 향후 몇 년 뒤에 어떤 암에 걸릴 수 있는지 예측하는 기술입니다. 그 당시에만 해도 불가능한 일이라는 반응이었지만, 오늘날 우리는 집에서 혈액 몇 방울이면 당뇨 수치도 알 수 있는 시대잖아요.

그 후 박사 때는 광소자라고 하는 나노 및 신기술 융합 등 첨단 기술을 연구했어요. 광소자는 다양하게 사용되는 부품에 들어가는 소재로, TV 방막으로 쓰이기도 합니다. 방막은 LED모니터의 색깔을 나오게 하는 일종의 필름막인데, 태양전지에도 많이 사용되는 소재로, TV 화질을 좋아지게 하는 거예요.

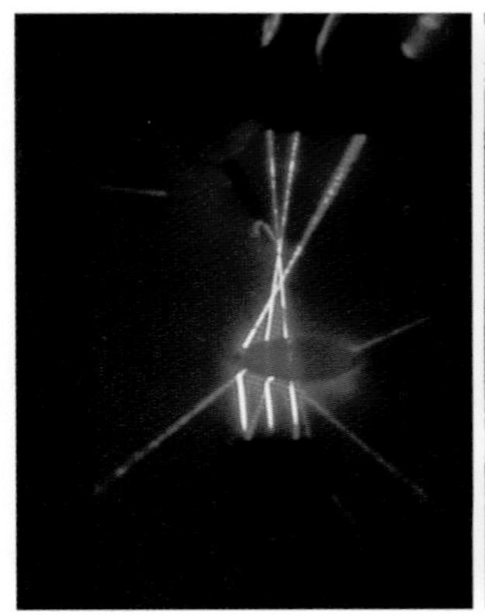
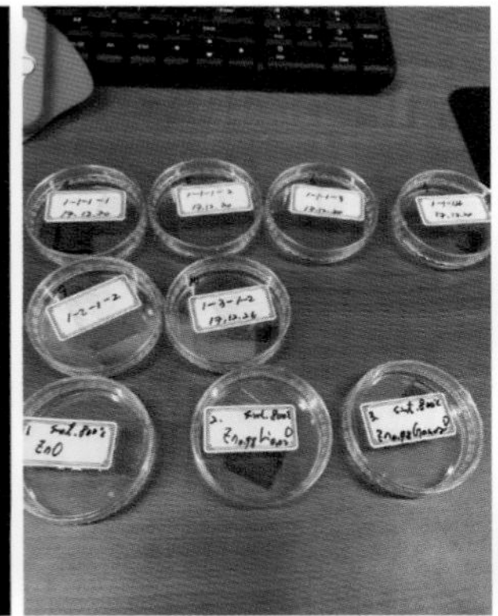

▸ 실험 사진

Question 스트레스를 어떻게 푸나요?

저는 얼마나 많은 시간이 저에게 주어지냐에 따라서 국내외 여행에서부터 집 근처에서 운동하는 것까지 나만의 스트레스 해소 방법을 만들어 효율적으로 풀어가고 있습니다.

첫째, 지역마다 맛집을 찾아가면서 맛있는 음식을 먹고 좋은 시간을 보냅니다. 둘째, 시간이 허락한다면 음악을 크게 틀어놓고 드라이브를 하기도 해요. 셋째, 각종 전시나 공연을 보러 다니는 것도 스트레스를 해소하는 방법 중에 하나입니다. 넷째, 시간이 안 될 때는 집 근처에서 필라테스, 요가, 헬스, 골프 등 여러 가지 운동을 하며 땀을 내죠.

Question 앞으로 물리학자로서 어떤 목표가 있는지요?

물리학자라면 노벨 물리학상을 받는 것이 가장 큰 꿈이 아닐까요? 그 꿈이 이뤄지지 않더라도 많은 사람들에게 귀감이 되는 여성과학자가 되고 싶어요. 그러려면 인재 양성도 중요한 일이라고 생각하기 때문에, 강의도 열심히 하고 책도 많이 쓰고 연구를 많이 해서 좋은 데이터를 많이 만들기 위해서 노력하고 있습니다. 한 시대의 첨단 기술을 나로 인해서 열 수 있다면 무엇보다도 가치 있고 보람된 일이 될 거예요.

열정이 물리학자를 만든다

▶ 취미활동 중 하나인 펜싱

▶ 연구 지도

▶ 심사 지도

▶ 대학 강의 중

Question 물리학자가 되기까지 어떤 과정을 거치셨나요?

저는 학사·석사·박사 과정을 모두 단국대학교에서 수료하였습니다. 박사과정 수료 후 연구실에서 특정 이론에 대해 연구하였으며, 수 많은 프리젠테이션과 모의 수업으로 강의력을 길렀습니다. 학생들의 질문에 이론적으로 정확하게 설명해주기 위해 학생의 입장에서 논제에 대해 접근하려 노력하였고, 물리학도로서의 자질을 발전시키기 위해 항상 논제에 대한 접근방식을 다각화하려 노력하였습니다. 그리고 가장 중요한 것은 대부분의 용어가 영어인 물리학을 수월히 연구하기 위해서는 영어실력이 동반되어야 하기 때문에 학사·석사시절 틈틈이 미국 어학연수를 통해 영어실력을 길렀습니다. 또한 어학연수 외에도 물리학과 관련된 단어공부를 계속해서 암기하고 복습하였습니다.

Question 물리학자가 되기 위해서 박사 학위가 꼭 필요한가요?

요즘엔 연구원의 종류도 굉장히 다양하고, 연구원을 필요로 하는 곳도 굉장히 많아요. 그래서 굳이 대학원이나 박사가 아니어도 대학교만 졸업해도 연구원이 될 순 있어요. 하지만 저는 더 깊은 연구의 기회와 더 많은 실험의 장을 경험하기 위해 박사 학위까지 취득했습니다. 그래서 학생들에게는 이왕 물리학자가 되고 싶다면, 제대로 공부해서 박사 학위까지 취득하기를 권장하고 싶어요. 왜냐하면 박사 학위 이후에 더 많은 기회를 얻을 수 있기 때문이에요. 저는 현재 물리학 교수로 있으면서 연구와 강의도 하고 책도 쓰고 있는 중이에요.

Question 물리학자에 대한 오해와 진실?

가끔 물리학자라고 하면 엄청 똑똑하고 천재가 아니냐고 하시는 분들이 있습니다. 이는 사실과 약간 다르다고 생각합니다. 물리학은 순수과학 학문이고 원초적이고 기초적인 내용들을 다루는 학문입니다. 딱딱한 공식과 어려운 문제들로 인해 어렵다는 선입견이 있지만, 연구결과와 정답은 숫자로 정해져 있으며, 그 정답을 구하기 위해 끊임 없이 연구하고 계산하는 과정에서 진정한 발전을 이룰 수 있는 학문이라 생각합니다.

천부적인 재능이나 기술보다는 계속되는 연구와 노력, 인내심으로 연예인이나 운동선수처럼 재능을 꽃피우기 위해 준비하는 과정이 긴 학문이라고 생각합니다. 이 과정에 있어 집중력과 학업에 대한 열정만 있으면 누구나 도전할 만한 학문이라 생각합니다. 김치도 익어야 제 맛이듯이 물리학 역시 끊임없이 연구하고 도전하는 인고의 시간이 지나야 비로소 값진 결과물을 얻을 수 있다고 생각합니다.

Question 박사님에게 물리학이란?

'물리학은 보다 나은 미래를 만들기 위한 만물의 근본이다.'

눈에 보이지 않는 것들을 수치화하여 증명해내기 때문입니다.

Question 추천해주실 영화나 도서는 어떤 것이 있을까요?

우선 영화로는 '인터스텔라'입니다. 이 영화가 개봉됐을 때 주변에서 영화 내용이 현실에서 가능한 얘기냐는 질문을 참 많이 받기도 했었어요. 그리고 물리학에서 시간을 초월하는 개념을 다루는 양자역학에 대한 내용이 나오는 '앤트맨'이나 '어벤저스 인피니티 워' 등도 추천합니다.

책으로는 '재밌어서 밤새 읽는 물리이야기', '물리학자는 영화에서 과학을 본다'를 추천합니다. 이 책들을 보면 영화에서 나오는 물리학적인 내용을 많이 다루고 있어요. 이 외에도 '물리학이란 무엇인가?' 등을 추천합니다.

Question 물리학자가 되기 위해 공부 외에 어떤 노력이 필요할까요?

자기계발이 필요해요. 다방면으로 자기계발을 할 수 있는 기회를 많이 가질 수 있도록 노력하라고 이야기하고 싶어요.

또한 오답에 익숙해지는 것이 중요하다고 생각합니다. 틀려도 좌절하지 않고 또 다른 공식과 계산으로 정답을 찾으려고 하는 의지를 기르는 긍정적인 마인드가 필요해요.

연구실을 벗어난 일상생활 속에서 문득 드는 궁금함을 연구로 발전시켜보려는 노력도 필요합니다. 저도 골프, 등산, 헬스 등 일상생활을 통해 새로운 의문과 깨달음을 얻은 적이 많습니다.

Question 물리학자를 꿈으로 가지고 있는 친구들에게 한마디.

제 삶을 들여다보면, 저는 굉장히 열정적으로 사는 사람인 것 같아요. 개강하는 날이면 가장 먼저 항상 학생들에게 "지금 이 시간은 다시 돌아오지 않는다. 너희의 미래는 지금 이 시간이 바탕이 될 것이다."라고 이야기해요. 매 순간을 열정을 다해 사랑하고, 공부하고, 운동하라고 하죠.

그 사람의 성실함을 보면 10년 뒤의 모습이 보인다고 하듯이 인생에 있어서 모든 사람들에게 한 번의 기회는 꼭 오는데 준비된 자만이 기회를 가질 수 있다고 생각해요. 지금 당장 결과가 눈에 안 보이고 잘 풀리지 않더라고 언젠가 투자한 시간은 나에게 큰 밑거름이 될 것이 때문에, 시간 관리를 잘 해서 시간을 헛되이 보내지 않고 매 순간을 열정적으로 살려고 노력하다 보면 훌륭한 물리학자가 될 수 있을 거예요.

어린 시절부터 호기심이 많고 과학을 좋아해, 과학 관련 대회에 참가해 수상하기도 했다. 지구과학에 유난히 관심이 많아 대기과학자의 길을 선택하고, 강릉원주대학교 대기환경과학과를 전공하며, 대학원 졸업 후에 1년 간 남극세종과학기지의 대기과학 월동대원으로 활동하기도 했다. 남극의 대기를 연구한 후, 미세먼지에 관심을 갖게 되어 한국환경정책평가연구원을 거쳐 현재는 환경부 국립환경과학원 대기질예보센터에서 미세먼지가 나타나는 현상을 분석하여 예보에 도움이 될 수 있도록 예보관에게 업무지원을 하고 있다. 보다 정확한 대기 현상을 예측하고 예언하기 위해 열심히 공부하고 연구하며, 신의 영역에 끊임없이 도전하고 있다.

대기학자

성대경 전문위원

현) 환경부 국립환경과학원 대기질통합예보센터
- 한국환경정책평가연구원
- 한국해양연구소 부설 극지연구소
  남극세종과학기지 대기과학 월동대원
- 강릉원주대학교 대기환경과학과 일반대학원
- 강릉원주대학교 대기환경과학과

대기학자의 스케줄

성대경
전문위원의
하루

08:00 ~
▸ 기상

08:30 ~ 09:00
▸ 출근

09:00 ~ 12:00
▸ 전일 밤 대기질 예보 확인

12:00 ~ 13:00
▸ 점심

13:00 ~ 16:00
▸ 대기질 분석

16:00 ~ 17:00
▸ 예보회의 및 발송

17:00 ~ 18:00
▸ 개인연구
- 개인연구 외에 건강 증진을 위한 헬스와 스포츠(야구)를 합니다

과학을 좋아하는 호기심 많은 학생

▶ 어린시절_산으로 들로

▶ 어린시절 추억

▶ 대학시절_대기연구

▶ 대학교 졸업식

어린 시절 어떤 환경에서 자랐나요?

저는 시골에서 자라서인지 어려서부터 자연을 많이 접했어요. 어느 날은 올챙이가 개구리로 변하는 과정을 보기 위해 직접 올챙이를 잡아 키웠었는데, 자라다보니 꼬리가 생겼고, 그때서야 그게 도롱뇽이었다는 것을 알게 되었죠. 너무 신기한 경험이었고, 그렇게 자연을 흥미롭게 배워갔었어요.

저는 활발하고 탐구하는 것을 좋아하는 호기심 많은 학생이었어요. 초등학교 6학년 과학시간에 화산암이나 퇴적암 등 여러 암석에 대해 배운 적이 있었어요. 그 후 우리 고장의 돌을 알아보는 방학숙제를 하게 되었는데, 수업시간에 배운 돌들이 실제로 발견되는 것을 보고 놀라워했던 기억이 있어요. 크기 비교를 위해 10원짜리 동전도 놓아가며 열심히 사진을 찍고, A4 용지에 이 사진들과 돌에 대한 설명을 써서 방학숙제로 제출했고, 선생님께서 칭찬을 많이 해 주셨죠. 그 때부터 공부하고 탐구해보면서 돌아다는 것에 흥미를 느끼게 되었죠. 그리고 과학을 좋아하여 항상 4월 과학의 달을 기다렸고, 물로켓 대회, 모형항공기, 과학상자 조립대회 등 과학 행사에도 많이 참여했어요.

Question

학창 시절에 공부를 잘 했었나요?

대한민국 입시에서는 국어, 영어, 수학이 중요하지만, 저는 과학에만 푹 빠져있었어요. 다른 과목은 4~5등급이지만, 과학은 1~2등급으로 꽤 높았고, 특히 지구과학이라는 과목은 거의 항상 1등급이었죠. 그래도 지구과학을 잘하니까 대단하다고 칭찬해주는 친구들이 많았어요. 칭찬해주는 친구들은 저를 지구과학천재라고 불러주었고, 전교에서 성적이 손가락 안에 드는 친구들도 저한테 와서 지구과학을 물어보기도 했었어요. 누군가를 가르쳐주고 저로 인해 이해하는 모습에 보람과 뿌듯함을 느껴 더 지구과학에 빠지게 되었고, 한 때는 과학교사를 해보고 싶다고도 생각했었어요.

Question 과학 공부는 어떻게 하였나요?

저에게 도움 받으러 오는 친구들에게 더욱 자세히 설명해 주기 위해, 수업시간에는 앞자리에 앉아 선생님께 질문도 많이 하며 열심히 공부했어요. 그런 저의 모습을 비꼬며 과학만 잘한다고 놀리던 친구가 있었는데, 그 친구에게 지지 않기 위해서라도 더 공부했었죠. 그만큼 과학을 많이 좋아했었고, 과학에 자신이 있었어요. 또, 과학고 학생들이 모이는 과학경시대회에 나가서 수상하기도 했어요. 학교 단상에 올라가서 상을 받으면서 미래에 어떤 직업을 가질지는 모르겠지만 과학의 끈은 놓지 말자는 확고한 결심을 했죠.

Question 대기과학자가 되기로 결심한 계기가 무엇인가요?

고등학교 2학년 때 진로에 대해 많은 고민을 했었어요. 자연과학이라는 분야는 천문, 물리, 화학, 생물 등 다양한 분야로 나눠지기 때문이었죠. 저는 그 중에서 천문학과 대기학에 관심이 많았고, 특히 미래를 예측하고, 비와 눈, 뇌우 등 대기현상에 대한 호기심이 매우 많았어요. 그래서 긴 고민 끝에 대기과학자가 되기로 결심하게 되었어요.

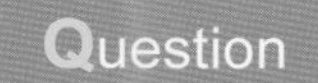

진로 선택 시, 가장 큰 도움을 주신 분은 누구신가요?

어머니와 고등학교 3학년 담임 선생님께서 많은 도움을 주셨어요. 어머니는 제가 하고 싶은걸 100% 밀어주셨어요. 제가 과학 쪽으로 진로를 결정하고 싶다고 했을 때에도, 너의 인생이니 네가 판단하고 느껴야 한다며 응원해주셨죠.

그리고 고등학교 3학년 담임 선생님께서는 진로상담을 할 때, 제가 하고 싶은 걸 하는 것이 옳은 길이라며 많이 응원해주셨습니다. 그리고 저의 수상기록과 성적을 살펴보시며, 과학과 관련된 학교를 찾는데 많은 도움을 주셨고, 그로 인해 강릉대학교(현 강릉원주대학교) 자연과학부에 진학을 하게 되었습니다.

Question

대기과학자 되기 위해 어떤 노력을 했었나요?

도전을 많이 했던 것 같아요. 고등학교 때에는 수학·과학 경시대회에 도전하여, 궁금증이 생기면 스스럼없이 손을 들고 질문을 했었어요. 그리고 그에 대한 답을 찾아가면서 대기과학자의 길을 걷게 되었어요. 대학교 때는 대학원에 들어가기 위해 노력했습니다.

저희 학교에 대기관측을 연구하는 교수님이 계셔서, 도움을 받기 위해 대학교 2학년 때 교수님을 찾아갔어요. 하지만 교수님께서는 별로 달가워하지 않으셨어요. 제가 영어점수도 낮고, 공부를 엄청 잘하는 것도 아니었기 때문이었죠. 그래서 3학년 때 영어성적을 더 올린 후, 대학원에 들어가고 싶다며 교수님께 다시 찾아갔었죠. 그런 모습이 기특하셨는지, 4학년 때부터 교수님의 연구실에서 연구를 시작하게 되었습니다.

Question 교수님 연구실에서 했던 연구는 어땠나요?

연구는 결코 쉽지 않았어요. 열정만 앞서고 궁금증만 컸던 저는 연구하는 방법을 잘 몰랐죠. 그래서 교수님께 많이 혼나기도 하면서 연구하는 방법을 배웠고, 그 경험을 통해 끈기를 많이 기르게 되었죠. 연구를 하다보면 막힐 때가 있는데, 그럴 때 포기하지 않고 다른 논문을 찾아보거나 끝까지 고민하여 좋은 결과를 얻기도 하고, 다른 사람들에게 조언도 구하며 다른 방향으로도 생각할 수 있게 성장하였습니다.

Question 교수님과 연구하면서 기억에 남는 일이 있나요?

교수님과 함께 식사를 하던 중, 교수님께서 하셨던 말씀이 아직도 강렬하게 떠올라요. 교수님께서는 배우는 것과 새로 알아가는 것이 점점 많아진다고 하시며, 사각형과 원을 통해 끝없는 배움에 대해 설명해 주셨어요. 만약 모든 지식과 나의 지식, 내가 모르는 부분을 각각 사각형, 원, 원둘레가 닿는 표면이라고 할 때, 배우면 배울수록 나의 지식은 커지게 되고, 이와 동시에 원둘레가 닿는 부분도 커지게 되면서 모르는 부분도 커진다고 하셨죠. 이처럼 배움에는 끝이 없는 것 같습니다. 알면 알수록 더 많이 궁금해하는 성격이 제 연구의 원동력인 것 같아요.

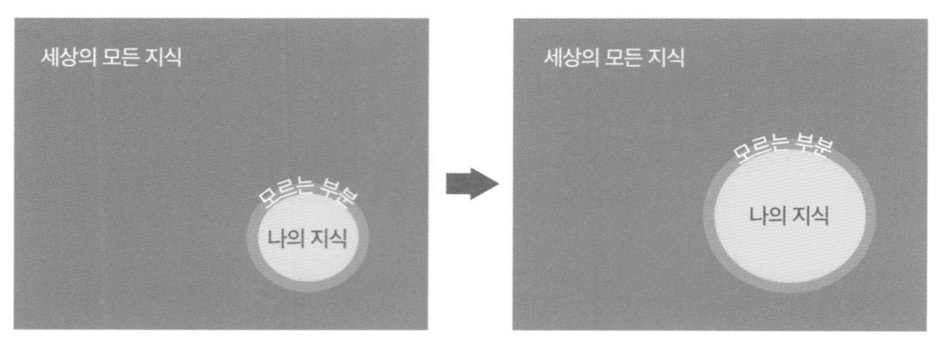

지식의 원의 둘레가 커질수록 모르는 부분도 커진다.

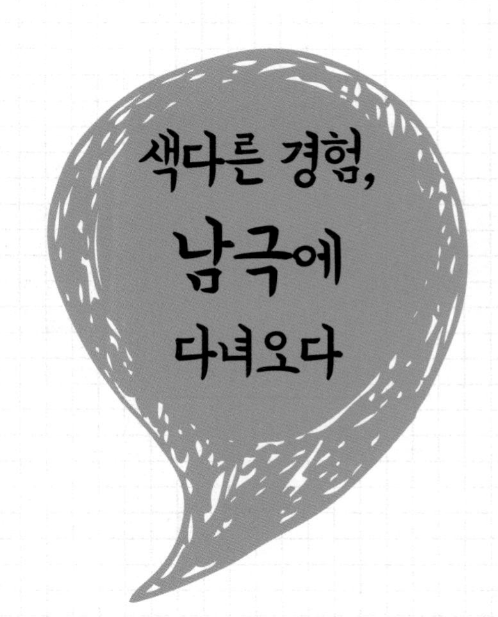

▶ 대한민국남극과학기지_세종

▶ 세종과학기지에서

▶ 남극의 빙벽에서

▶ 해외학회 포스터 발표

Question 남극을 가게 된 계기는 무엇인가요?

대학생 시절 학교게시판에 남극세종과학기지 대기과학 대원을 모집한다는 글을 보게 되었어요. 이 글을 보고, '과연 남극에는 펭귄이 많을까?' '진짜 얼음만 있을까?' 호기심이 생겼고, 실제로 눈으로 보고 경험하고 싶었어요. 그래서 젊었을 때 한번쯤 남극을 갔다와보자는 마음으로 지원했고, 운 좋게도 합격하여 1년 정도 남극세종기지에서 보내게 되었어요.

Question 남극에서 구체적으로 어떤 경험을 하셨나요?

남극의 대기의 특징을 연구하고 과학적인 분석을 지속적으로 이어 나가면서 그 누구도 겪지 못할 경험을 했어요. 그러나 연구만 할 수 있는 환경은 아니었죠. 여름에는 하계 연구대원들이 있긴 했지만, 본격적인 월동이 되면, 17명만이 남아서 어둡고 추운 기지를 지켜야 했어요. 주변 국가와의 교류와 기지관리, 당직근무, 제설 등등 연구를 제외하고 해야 하는 일이 매우 많았어요.

그 와중에 그들과 함께 보낸 생일파티나 회식 등 작고 소소한 일들은 매우 큰 행복으로 느껴졌답니다. 그리고 세종과학기지 주변에는 남극특별보호구역으로 지정된 펭귄마을이 있어서 남극 자연환경에 또 한 번 감탄하기도 했어요. 그 밖에도 유튜브에 '30차 월동대' 검색하시면 제가 경험했던 남극생활을 영상으로 감상할 수 있어요.

▸ 남극특별보호구역_펭귄마을

Question 남극에서의 경험은 연구자님께 어떤 영향을 끼쳤나요?

공기가 깨끗했던 남극과는 달리, 한국은 미세먼지 문제가 심각했었어요. 남극에 다녀온 후, 한국에서 6개월 간 휴식기간을 가졌는데, 그 중 약 두 달 동안은 미세먼지로 인한 목의 염증 때문에 고생을 했어요. 이를 계기로 미세먼지를 연구하기로 결심했죠. 심지어 미세먼지는 비나 바람과 같이 대기과학과 밀접하게 연관되어 있어서 더더욱 저의 흥미를 끌었어요. 그 후 저는 대기과학과 환경을 함께 연구하기 위해 한국환경정책평가연구원에 취업하여 미세먼지를 연구했고, 그 해 환경부 국립환경과학원 대기질통합예보센터로 오게 되었어요.

Question 가장 기억에 남는 남극 에피소드가 있다면?

저는 2017년에 남극에 다녀왔고 많은 일들이 기억나는데, 남극의 경이로운 자연환경들이 아직까지도 기억에 남아요. 첫 번째로, 은하수를 본 것입니다. 사실 저는 대학시절 대기학을 전공했기 때문에, 천문 동아리를 하며 실제로 대관령에서 은하수를 본 적이 있었어요. 그러나 남극에서 은하수를 봤을 때는 입을 다물 수가 없었죠. 그 밤에 추위에도 불구하고 황홀함을 느꼈습니다. 두 번째로, 남극특별보호구역인 펭귄마을에서 남극의 생태계를 직접 보았는데, 이런 극한 지역에서도 생태계가 형성되어 있다는 것에 감탄했죠. 세 번째는 빙벽인데요, 세종기지 옆에 있는 빙벽은 정말 대단했습니다.

▸ 남극의 은하수 아래서

Question 또 다른 남극 에피소드는 무엇인가요?

저는 대기관측동이라는 곳에서 대기과학장비를 유지· 보수하는 업무도 했었어요. 공기를 포집하는 관측장비가 많다보니 기지와는 거리가 좀 떨어져 있습니다. 시야확보가 되는 날이라면 블리자드(눈보라)가 좀 있더라도 관측동을 갑니다. 어느 때와 같이 관측동에서 일일점검을 마치고 내려가려고 할 때, 블리자드가 강해져 기지로 복귀하는데 무서웠던 경험이 있습니다. 방향감각 상실과 허벅지까지 빠지는 눈으로 어려움을 겪었지만, 다행히 유도줄이 있어 간신히 기지에 복귀할 수 있었죠. 그때만 생각하면 지금도 아찔해요. 그 외에도 공동작업들(냉동창고 정리, 제설작업, 컨테이너 및 유류 하역작업 등)을 하다 보니 1년이라는 시간도 금방 지나갔습니다.

Question 지금 하고 계신 업무에 대해 말씀 해주세요.

환경부 국립환경과학원 대기질통합예보센터에서 미세먼지 예보분석 업무를 하고 있어요. 다양한 고농도 미세먼지 사례들을 분석하여 앞으로 미세먼지가 어떻게 영향을 줄 수 있을지 가이드를 하는 업무에요. 미세먼지가 앞으로 어떻게 움직일 것인지에 대한 예측을 하고 저의 예상과 데이터가 맞았을 때는 정말 많은 자부심과 뿌듯함을 느끼죠.

Question

국립환경과학원에서 근무하면서 기억에 남는 일은?

2019년 3월초에 미세먼지가 매우 안 좋았던 적이 있어요. 6일 연속으로 수도권에 비상저감조치가 발령되었고, 저희 예보팀에서도 역대 미세먼지로 기록되었죠. 당시 저는 입사한지 3개월 밖에 되지 않았었고, 그 많은 민원 전화와 예보 등으로 많이 힘들었던 기억이 나요. 먹은 음식들이 전부 소화가 되지 않아 건강검진까지 받았던 기억이 납니다.

Question

앞으로 이루고 싶은 목표가 있으시다면?

정식 예보관이 되기 위해 노력하고 있습니다. 국민들에게 미래의 대기질이 어떻게 진행이 될지 정확하게 예보해드리고 싶어요. 미래를 예측하는 게 저의 꿈이니까요. 예보관이 되기 위해서는 연구직 공무원이 되어야 하고, 연구직 공무원이 되기 위해서는 경력과 논문이 필요해요. 그래서 지금은 꾸준히 경력을 쌓으며, 논문도 준비 하고 있습니다. 그리고 나중에 기회가 된다면 박사학위도 취득하고 싶어요.

끊임없이
질문하고
포기하지
않기를

▶ 직장에서 대기질예보 업무 수행 중

▶ 취미활동 마라톤

▶ 취미활동 야구

Question **대기과학자에게 필요한** 자질이 있다면 어떤 걸까요?

우선, 질문을 하는 습관이 필요하다고 생각해요. 이건 왜 그럴까?' '이유가 뭘까?' 등 모든 연구는 질문에서 시작되기 때문이죠. 그리고 그걸 해결하기 위해 끈기를 가지고 다양한 노력을 해야 해요. 특히, 해결과정에서 누군가에게 질문하는 것을 부끄러워하지 않았으면 좋겠어요.

학창시절부터 질문하는 것을 좋아했던 저는 유명 교수님들의 세미나에서도 감히 손들고 질문을 한 적이 있어요. 질문의 수준은 높지 않았지만, 날카로운 질문이었다며 교수님들이 박수를 치셨죠. 물론, 저희 교수님도 칭찬해주셨죠. 궁금한 것은 결코 부끄러운 것이 아닙니다. 모르는데 아는 척하는 것이 더 무서운 것이지요.

Question **대기과학자가 되는** 과정과 진로 방향은 어떻게 되나요?

먼저 과학에 관심이 많아야 합니다. 그리고 대학 진학을 하되 기상학, 대기환경학, 대기환경공학 등을 전공해야 하고, 적합하다고 판단되면 대학원을 진학합니다. 혹시나 학과가 마음에 들지 않는다면 대학원을 다른 학교로도 갈 수 있습니다. 이와 더불어 컴퓨터 시뮬레이션 모델을 구동하는 방법과 프로그램 언어를 다루는 것도 배워야 합니다.

Question **전공 학과에서는** 어떤 것을 배우나요?

대기과학을 전공하게 되면 구름과 비가 만들어지는 과정을 배우는 열역학 과목과 대기를 가상시뮬레이션 하는 수치모델링 과목, 대기의 과거·현재·미래를 다루는 기후학, 과학 발전을 통해 배우는 위성기상학과 레이더기상학, 대기의 미세입자를 배우는 대기화학, 해양과 대기의 상호작용을 배우는 해양기상학, 대기의 흐름을 배우는 대기역학 등을 배워요.

또한 심화공부를 하게 되면, 물리, 수학, 유체역학 등 지구과학과 관련이 없는 것 같은 과목도 배워요. 하지만 모든 과학은 기본기가 있어야 하기 때문에, 좌절하거나 포기하지 않았으면 좋겠어요. 원리만 이해할 수 있다면 충분하다고 생각해요.

Question 석사와 박사의 차이점은 무엇인가요?

대학교 학사 학위를 이해하기 쉽게 과일의 종류로 비유한다면, 석사학위는 과일의 종류 중 사과를 터득하는 것이고, 박사학위는 사과의 씨앗을 터득하는 것이라고 말하고 싶어요. 석사학위는 연구하는 방법을 익히는 과정이라고 생각합니다. 그래서 다른 분야의 기초와 원리가 기반이 된다면 충분히 도전할 수 있는 장점이 있죠.

이와 달리, 박사 학위는 특정 전공분야에 대해 심도 있게 배우는 과정이죠. 박사학위는 전문성을 가졌지만, 다른 유사한 분야로 연구하기가 힘들다는 단점이 있습니다. 그러나 과학은 폭넓게 아는 것보다 특정 분야를 깊이 아는 것이 중요해요. 그렇기 때문에 박사학위는 꼭 이수하는 게 좋다고 생각합니다.

Question 대기과학을 한마디로 표현한다면?

'신의 영역에 도전하는 과학이다.'

여러 가지 대기 현상을 예측하고 예언할 수 있기 때문이죠.

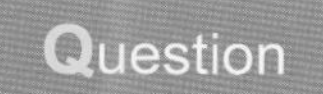

스트레스 해소를 위한 취미활동이 있으신가요?

저는 구기종목 운동이나 스포츠를 정말 좋아합니다. 학창시절에는 축구 골기퍼를 좀 했었지만 자주 다쳐서 그만 두었고, 더 어려서는 캐치볼을 많이 했습니다. 자연스럽게 야구를 좋아하게 되었고 개인적으로 한화이글스 팬이죠.

대학원을 다닐 때 책상에 앉아있는 시간이 너무 많아 체중이 늘고 체력도 급격히 떨어져서 운동을 하기로 결심했지요. 어려서부터 좋아하던 야구를 사회인 야구동호회에서 주말에 하루 정도는 야구 경기를 하고, 매일 아침 4km 넘는 호수 길을 뛰었습니다.

지금은 시간이 많이 나지 않아 야구는 못하고 가끔 친구와 캐치볼 정도 하고 있으며, 시민 마라톤행사가 있으면 참가해 예전에 호수를 뛰었던 기억을 되새기며 뛰곤 하죠. 아~ 남극에 있을 때도 넓은 창고에서 캐치볼과 배팅연습을 했던 기억이 새삼 생각나네요. 기회가 되면 사회인 야구에 다시 도전해 보려고 합니다.

내 인생에 영향을 준 영화나 도서는 어떤 것이 있을까요?

인터스텔라, 마스, 인디펜던스데이, 그래비티, 아마겟돈 등 흥행했던 영화들을 2~3회나 봤을 정도로 공상 과학영화를 매우 좋아해요. 고등학교 때 미치오 카쿠의 '평행우주'나 칼 세이건의 '코스모스' 등을 읽으며, 과학에 대한 지식을 쌓고 궁금증을 해결하곤 했지만, 딱히 영화나 도서로 과학 분야를 결정한 계기는 없는 것 같습니다.

중학교 2학년 담임 선생님의 말이 떠오르곤 합니다. 차렷! 경례~ 하고 인사를 할 때 "안녕하세요"가 아닌 "과학은 생활입니다" 라고 했는데 지금 생각해보면 모든 일상생활은 대부분 과학적으로 설명이 가능하니까 그런 인사를 했던 거 같네요. 저의 경우 어렸을 때부터 일상생활에 대해 "왜?"라는 물음표를 달고 살아서 딱히 영화나 도서로 제 인생을 좌우할 수는 없었던 것 같습니다.

Question 앞으로 대기질 예보관련 직업의 전망은 어떤가요?

대기질 예보는 2013년부터 수도권의 내일예보를 시작으로 현재는 예보 권역을 전국으로 확대하고, 주간 예보까지 시행하고 있어요. 저희 예보센터가 생긴 지는 채 10년도 안되었지만 조직 규모가 점점 커지고 있고 담당 업무도 많아지고 있죠. 특히 미세먼지에 대한 관심과 중요성은 앞으로도 계속 이어질 것이기 때문에 전망이 아주 밝다고 생각 합니다.

그리고 앞으로 선진국으로 갈수록 지구 환경에 대한 각 국가의 책임과 의무 조항이 증가할 것이며 맑은 공기는 우리 삶의 중요한 변수가 될 것입니다. 인류의 문명이 발달하면 할수록 대기오염물질은 필연적으로 발생하기 때문에 대기오염물질을 줄이거나 차단하는 기술개발과 더불어 대기질에 대한 예측 및 예보 또한 생활에 꼭 필요한 분야라고 생각해요. 무엇보다 지구를 지키기 위해 대기와 환경 문제에 좀 더 귀 기울이고 많은 관심을 가져야 할 때입니다.

Question 대기과학자가 꿈인 친구들에게 해주실 말씀은?

우선, 절대 꿈을 포기하지 말라고 해주고 싶어요. 저 또한 지금까지 꾸준히 대기과학자라는 꿈을 안고 노력해왔고, 지금은 이 일을 하며 많은 즐거움을 느끼고 있기 때문이죠.

그리고 공부를 하면할수록 궁금한 것들이 더욱 많아질 텐데요. 그것을 시련으로 받아들일지, 호기심으로 받아들일지는 자신의 몫이에요. 하지만 궁금한 것에 대해 끝까지 해답을 찾아가다 보면 언젠간 훌륭한 대기과학자가 될 거라고 생각해요.

▶ 세종기지 연구원들과 함께 (2017.08.16)

▶ 은하수 아래에서 단체사진

▶ 세종과학기지 전경(오른쪽 끝 대기관측동)

▶ 펭귄마을

▶ 블리자드 출근길

▶ 남극자연현상(렌즈운)

▶ 유빙앞에서(오른쪽)

▶ 컨테이너 하역작업

학창 시절부터 생물학에 관심을 가졌지만 대학에서 섬유소재시스템을 전공했다. 생물학에 대한 미련을 버리지 못하고 약사 준비와 인턴 연구원 등 다양한 경험을 하며 진로를 찾기 위해 노력하였다. 결국 돌고 돌아 자신이 꿈꾸던 생명과학자의 길로 들어서서 전남대학교 생물과학생명기술학과 석사과정을 마치고, 현재 GIST(광주과학기술원)에서 단백질의 구조를 연구하고 있다. 연구원의 소소한 일상과 생명과학을 주제로 유튜브 크리에이터로도 활약 중이다. 20대의 절반은 공학자로, 또 절반은 생명과학자로 살아왔는데 이제 30대가 되어 앞으로의 시간을 어떻게 채울지를 고민하며 다시 여러 가지 활동을 하고 있다.

생명과학자

홍세미 연구원

현)광주과학기술원 (위촉연구원)

- 제약회사연구원 (전임연구원)
- 전남대학교 생물과학생명기술학과 석사과정
- 전북대학교 섬유소재시스템공학과 전공

생명과학자의 스케줄

홍세미 연구원의 **하루**

07:00
▸ 기상

08:30 ~ 09:00
▸ 출근
▸ 하루 동안 해야 할 실험 스케줄 확인하기

09:00 ~ 12:00
▸ 실험시작

12:00 ~ 13:00
▸ 점심식사

13:00 ~ 17:30
▸ 오후 실험 준비
▸ 실험
▸ 연구노트 정리
▸ 연구 책임자와 디스커션
▸ 논문 읽기

17:30 ~ 18:00
▸ 다음날 실험 재료 준비

18:00 ~ 19:00
▸ 퇴근

19:00 ~ 19:30
▸ 집 도착

19:30 ~ 20:30
▸ 저녁식사

20:30 ~ 24:00
▸ 운동, 독서, 취미생활

24:00 ~
▸ 취침

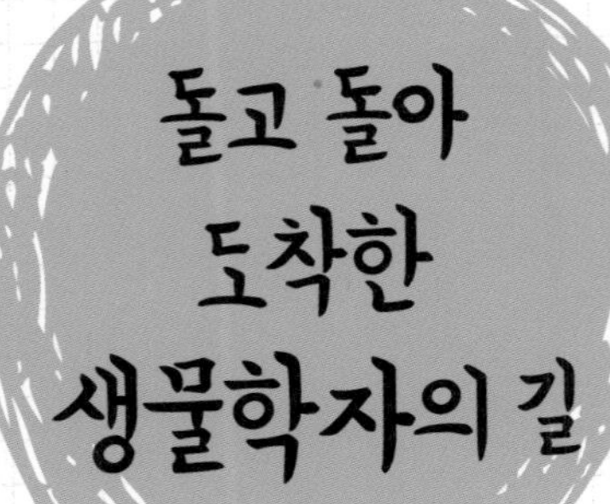

돌고 돌아 도착한 생물학자의 길

▶ 어린시절_부모님과 함께

▶ 대학생 시절 지식나눔 봉사

▶ 학창 시절_선생님과 함께

▶ 부모님과 함께 대학 졸업식

Question 학창 시절엔 어떤 학생이었나요?

어렸을 때는 만들고 그리는 것을 좋아해서 제가 만든 것들이나 그린 그림을 친구들에게 보여주고 공유하는 것에 즐거움을 느꼈어요. 또, 수업시간에 제가 관심 있는 주제에 대해서 조사한 내용들을 친구들에게 전달해주는 일도 종종 있었는데, 제가 알려준 내용들을 기반으로 토론이 일어나거나 수업 이후에도 계속 관심을 가지는 친구들이 있는 것을 보면서 뿌듯한 마음이 들기도 했던 것 같아요.

Question 언제부터 무슨 이유로 과학에 흥미를 느꼈나요?

사실 어릴 때 저는 독서를 하는 것을 좋아하고 역사에 관심이 많아서 문과를 선택하려고 했어요. 하지만 중학교 때 과학을 좀 더 심층적으로 배우기 시작하면서 다른 과목들보다 과학을 좋아하게 되었고, 그 관심이 고등학교 때까지 이어지면서 결국에는 이과를 선택하게 되었어요. 문과 이과를 최종적으로 선택하는 날까지도 엄청나게 고민을 했던 기억이 나요. 다른 과목들보다 과학을 유독 좋아했던 이유는 암기하는 과목보다 이해하면서 하는 공부에 더 흥미를 느꼈기 때문인 것 같아요.

Question 학창 시절부터 과학자가 꿈이었나요?

학창 시절까지만 해도 '과학자가 되어야겠다!', '생명과학자가 되어야겠다!'라는 생각을 하지 않았어요. 하고 싶은 일들도 되고 싶은 것들도 정말 많았는데 그 중에서 하나만 골라 선택과 집중을 해야 한다는 것 때문에 고민이 되었어요. 계속 '나는 대체 무엇이 되고 싶을까?'라는 고민을 했고, 그래서 조급함을 느끼기도 했죠.

친구들은 장래희망이 뚜렷했는데, 저는 제 자신이 진짜 무엇을 하고 싶은가에 답을 찾지 못해 혼란스러웠어요. 그럴 때 도움이 되었던 것이 일기쓰기였어요. 학창시절부터 일기 쓰는 것을 좋아했고, 매일 일기 쓰는 시간을 갖고 스스로에게 질문을 던지면서 저에 대해 알아가는 시간을 가졌어요. 덕분에 남들보다는 느리긴 해도 조금씩 꾸준히 앞으로 나아가게 되었죠.

Question 생물학에 관심을 갖게 된 계기는 무엇인가요?

고등학교 때까지 생물학을 좋아해서 대입 시험에서도 생물 점수가 가장 높았어요. 생물을 좋아하게 된 이유 중 하나는 담임 선생님 덕분이었는데요. 고등학교 2학년 때 담임 선생님이 생물 선생님이셨는데 생물을 굉장히 재미있게 알려 주셨거든요.

수업을 하다가 어느 날 암에 대한 이야기가 나왔어요. 우리 몸의 세포는 생명체이기 때문에 시간이 흐를수록 점점 노화가 되고 그 노화 단계가 이어지다가 결국에는 죽음에 이르게 되는데, 암세포는 이런 자연스러운 노화 단계를 따르지 않는다고요. 그래서 몇십 년 전에 사람으로부터 떼어낸 암세포인 헬라세포가 아직까지도 살아서 분열을 계속하고 있다는 말씀을 해주셨어요. 너무 신기했죠. 이렇게 생물이라는 과목은 생명체에 관련된 것이잖아요. 여러 생명체들에 대해서 알아가는 것이 재미있었고, 하나의 생명체인 내 몸 속에서 일어나는 일들을 알아가는 것도 신기했어요.

대학에서 생명과학을 전공하신건가요?

"저는 돌고 돌아 목적지에 도착한 케이스예요." 제가 생물을 좋아하긴 했지만, 대학 때의 전공은 생명과학과 관련된 학과가 아니었어요. 그 때의 저는 전공을 선택할 때 그 과에서 정확히 무엇을 하고, 그 학과를 졸업하면 어떤 직업을 가지게 되는지에 대해서 잘 알아봐야 한다고 생각하지 못했어요.

저는 '섬유소재시스템공학과'라고 하는 소재에 대한 것들을 배우는 학과를 선택하게 되었는데요, 전공 수업들을 따라가는 것이 어렵지는 않았지만, 생명과학에 비해서 재미를 못 느꼈어요. 1학년이 지나고 나서 현재의 전공보다 조금 더 내가 좋아하는 것을 하고 싶다는 생각이 들었고 그래서 겉으로 보기에 생명과학 쪽과 관련이 있는 것처럼 보이는 약사가 되어야겠다고 생각했어요. 약사도 사람이 아프거나 병에 걸리면 그것에 대해 파악을 해서 약을 만들어주는 직업이니까 생명과학을 기반으로 하는 직업일 것이라고 생각했죠.

그렇게 약학 대학원을 가기 위해 2년간 준비를 했어요. 약학대학원에 입학을 하기 위해서는 피트(PEET)라고 하는 입학시험을 준비해야하는데요, 제가 시험을 준비할 때는 유기화학, 일반화학, 물리, 생물, 언어 이렇게 총 5과목이 포함되어 있었어요. 저는 생물이랑 물리, 언어 성적은 굉장히 좋은 편이었는데 화학 점수가 잘 안 나와서 떨어졌어요. 그렇게 두 번의 시험을 치르고 나서야 약사는 생명과학보다는 화학을 베이스로 하는 직업이라는 것을 깨달았어요.

Question 생명과학으로 어떻게 진로를 변경하셨나요?

약사가 내가 원하는 일이 아니었다는 생각이 들고나니까 일단은 현재의 전공으로 돌아가서 대학 졸업을 해야겠다는 생각이 들었어요. 때마침 제가 가보고 싶었던 연구소인 KIST(한국과학기술원)와 저의 전공 학과에서 함께 '인턴 연구원'을 뽑는다는 소식을 듣기도 했고요. 다시 전공과목을 공부하며 1년 동안 방학마다 KIST에서 인턴 연구원으로 일했어요. 인턴 연구원으로 지내는 시간들은 신기하고 재밌기는 했지만 계속해서 '이게 정말 내가 원하는 일일까?'라는 생각이 머릿속에서 떠나지 않았어요. 그래서 예정되었던 KIST 대학원 과정을 포기하고 대학을 졸업하기로 결정했어요.

대학 졸업을 앞두고는 정말 고민이 많았어요. 수십 곳의 회사에 자기소개서를 보내고 떨어지기를 반복했죠. 이 회사에서 하는 일들이 진짜 내가 하고 싶었던 일인지도 잘 모르겠는데, 내가 원하는 일인 것처럼 이야기를 꾸며내어 자기소개서를 쓰려니 정말 힘들더라고요. 그러다가 '학창시절부터 내가 좋아했던 생명과학과 관련된 일을 하는 곳으로 취업을 하고 싶다.'는 생각이 들어서 찾아보니 생명과학을 다루는 회사에서는 전공자만을 채용한다는 것을 알게 되었어요. 이미 대학을 졸업한 상태였던 저는, 생명과학 전공자가 되기 위해서 대학원 진학을 결심했죠. 생명과학 중에서도 신경생물학이나 암, 면역학과 관련된 연구를 해보고 싶었어요.

이전과는 다르게, 이번에는 제가 가려는 곳에서 정말 제가 원하는 일을 할 수 있을지에 대해서 철저히 조사를 했어요. 신경생물학, 암, 면역학의 세 가지 분야 중에서 어느 곳을 가장 가고 싶은지에 대해서도 진지하게 고민하는 시간들을 갖기도 했고요.

그 결과, 신경생물학을 하시는 전남대 교수님께 컨택을 하고 분자신경생물학 실험실에 최종적으로 가게 되었어요. 저는 이 경험들을 통해서 자신이 원하는 일을 하기 위해서는, 어떤 학과를 가고 어떤 커리어패스를 만들어야 하는지에 대한 충분한 조사가 필요하다는 것을 깨닫게 되었어요.

Question 생명과학 쪽으로 공부하기 위해 어떤 노력을 하셨나요?

대학교 때는 전공이 다르긴 했지만, 생명과학분야에 관심이 있어서 관련된 수업들을 들었어요. 잠깐 준비했던 약대 입학시험을 치르기 위해서도 생명과학과 관련된 학점을 채워야 했기 때문에 기본적인 생명과학 수업을 들을 기회가 있기도 했고요.

또, 생명과학과 관련된 연구를 하는 연구소가 있는지 궁금해서 관련 내용들을 많이 찾아보기도 했어요. 대학교 1학년 때 갑자기 '뇌'에 대해서 연구를 하고 싶다는 생각이 들어서 검색을 하다가 우연히 '한국과학기술원(KIST)'라고 하는 국가연구기관에 대해서 알게 되었어요. 홈페이지에 들어가서 둘러보는데 시설들이 엄청 좋아보였고, 이런 곳에서 일하고 싶다는 생각을 하면서 일주일에 한 번씩 들어가 보았던 것 같아요. 그러다 3학년이 되어서 저의 전공 학과와 KIST가 함께 진행하는 인턴십 프로그램에 참여할 인턴연구원을 뽑는다는 이야기를 들었어요. 기대하던 '뇌 분야'의 연구는 아니었지만 그래도 KIST에서 일하고 싶다는 생각을 갖고 있었기 때문에 설레는 마음으로 프로그램에 신청을 하고 3학기 정도 인턴 연구원으로 지내며 실습을 했어요.

Question KIST 인턴연구원의 생활은 어땠나요?

저는 그곳에서 탄소섬유에 대한 실험을 했는데 전기방사법을 사용해 섬유를 뽑고 그것을 탄소섬유로 만든 후에 물성 체크를 하거나 전자현미경으로 표면을 관찰하는 등의 실험이었어요. 신기한 경험들을 많이 했지만, 살짝 아쉬웠던 것은 연구 분야가 무생물이라는 것이었어요. 그래도 이런 KIST에서의 경험이 있었기 때문에 생명과학 분야에서 진짜 살아있는 생물체를 이용한 연구를 하게 되었을 때, '아! 이게 내가 원하는 거다!' 하는 느낌을 더 강하게 받을 수 있었던 것 같아요.

유튜브를 통해 다양한 기회를 얻다

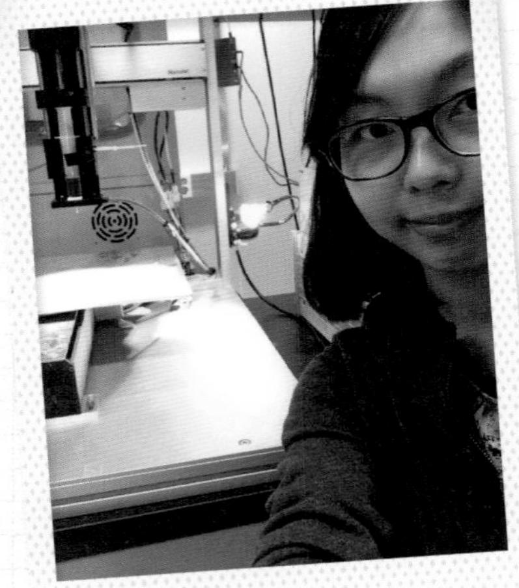

▸ 키스트 인턴 시절

▸ 남자친구(현 남편)와 함께 대학원 졸업식

▸ 해외 학회에서 포스터 발표

▸ 대학원 실험실원들과 함께

Question 대학원에서 연구 생활은 어떠셨나요?

저는 대학원생 때, 저보다 선배인 분이 하고 있었던 연구 프로젝트를 맡아서 하게 되었어요. 사실 어떻게 생각하면, 제가 하고 싶은 연구주제를 처음부터 스스로 정한 것이 아니니 불만이 있을 수도 있었어요. 저와 함께 입학을 했던 대학원 동기 친구들은 선배로부터 받은 프로젝트들을 금방 마무리하고 본인이 하고 싶은 연구를 골라서 새로 프로젝트를 시작했거든요. 근데 제가 맡은 프로젝트는 금방 마무리를 할 수 있는 그런 프로젝트가 아니었어요. 이제까지 연구한 것보다 앞으로 연구할 부분이 더 많은 프로젝트였어요. 그래서 저는 그 프로젝트에 대해서 엄청 열심히 공부했어요. 관련 논문들도 많이 읽고, 연구주제와 관련해서 알아야 하는 지식들에 대해서도 최대한 배우기 위해 노력했죠.

2년 반이 지나고 제가 졸업을 할 때까지도 저는 그 프로젝트와 씨름을 한 것 같아요. 그런데 신기한 것이, 처음에는 그렇게 좋아서 시작한 프로젝트가 아니었는데도 1년 반 정도 시간을 보내니까 그 프로젝트가 너무 좋아지더라고요. 실험이 잘 되면 잘 되어서 좋고, 잘 되지 않으면 왜 잘 되지 않을까 고민하고 이런 저런 시도들을 해보다가 문제를 해결할 수 있게 되어서 좋고. 그 연구에 내가 온전히 집중하고 있는 느낌이 들었어요. 결국 그 프로젝트는 제 졸업논문이 되었죠. 그래서 저는 어떤 연구주제에서 의미를 찾거나 흥미를 가지는 것은 결국 연구자의 역량이라고 생각하게 되었어요.

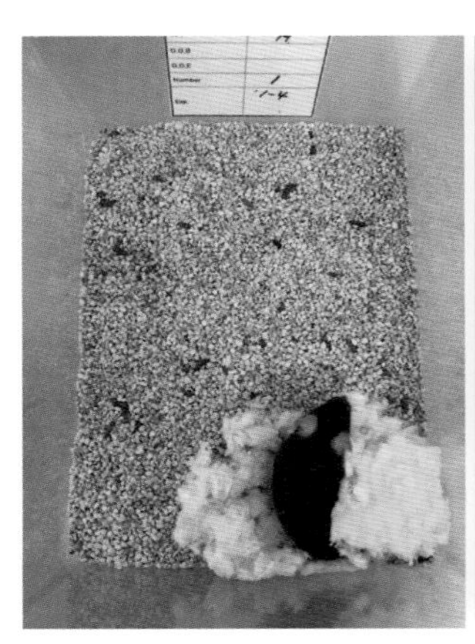
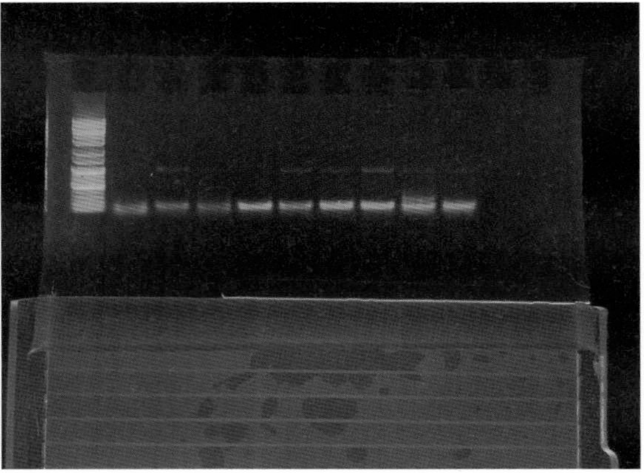

▶ 실험장면

Question 학업 외에 특별한 경험을 하신 적이 있나요?

대학교를 졸업하고 난 뒤에, 친한 친구와 함께 모 샴푸 회사 공모전에 나간 적이 있어요. 특정 연령대의 사람들을 겨냥하여 그 사람들을 위한 제품을 기획하고 홍보를 위해서 마케팅 전략을 기획하는 큰 공모전이었어요. 몇 달 동안 매일같이 동네 카페에 모여 공모전을 준비했고, 마지막에는 며칠 밤을 새기도 했었어요.

결국에는 떨어졌지만, 주제를 설정하고 그 주제의 필요성을 설명하거나 자료를 분석하여 결론을 도출해내는 모든 활동이 연구방식과 비슷해 좋은 경험이 되었던 것 같아요. 이후 대학원에 진학하여 실험을 했던 시간들을 돌아보면, 주제는 다르긴 했지만 이 때 공모전에 나갔던 경험이 도움이 되었다고 생각해요.

Question GIST(광주과학기술원)가 첫 직장이신가요?

대학원을 졸업하고 잠깐 서울에 있는 제약 회사에서 근무했어요. 그 회사는 파킨슨병이라고 하는 퇴행성 뇌 질환의 치료제를 개발하는 곳이었는데, 저도 대학원에서 신경퇴행성질환을 연구했던 경험이 있어서 그 회사로 가서 연구를 하게 되었죠. 그 곳에서 했던 일들은 사실 대학원 시절 제가 모두 경험했던 것들이라 일적으로 그렇게 힘들지는 않았어요.

그런데 연구를 하는 스타일이 저와는 맞지 않았던 것 같아요. 결과가 꼭 나와야만 하는 중요한 실험이 있을 때에는 마감기간에 맞춰 밤을 새워 실험을 하다가 집에서 씻고 바로 출근하는 날이 있기도 했거든요. 회사이기 때문에 많은 일들이 분업화되어 있어서 계속해서 같은 작업만을 반복적으로 하다 보니 몸에 무리가 오기도 했고요. 결국에는 목 디스크 증상이 나타나서 퇴사를 하게 되었어요.

Question 지금은 어떤 연구를 하고 있나요?

지금은 GIST(광주과학기술원)로 온지 3년차 정도 되었고, 여기서는 세포의 막 안에 있는 단백질의 구조를 밝히기 위한 연구를 하고 있어요. 제가 하는 연구는 여러 쓰임새가 있지만, 약을 개발하는데 도움이 되는 연구이기도 해요.

사람이 약을 먹으면 사람의 몸속에 있는 세포가 약물을 받아들여서 그 약의 효과가 나타나게 되는데, 이 때 세포는 모든 약물을 세포 안으로 통과시키는 것이 아니라 선택적으로 받아들여요. 그렇기 때문에 약을 먹었을 때 효과가 없는 경우가 생기기도 하죠. 이렇게 어떤 물질이 세포 안으로 들어갈 수 있는지 없는지를 나누는 역할은 세포막에 있는 단백질이 하게 되는데, 문지기 역할을 하는 이런 단백질들의 구조를 알게 되면 어떤 구조의 약물들을 세포가 잘 받아들일 수 있는지를 알 수 있게 되어서 신약개발을 하는 데에도 도움을 주게 되죠.

Question 다른 과학 분야에 비해 생명과학의 장점은 무엇인가요?

생명과학은 생물체를 다루는 일이다 보니 다른 분야에 비해 피드백이 빠르게 오는 점이 좋은 것 같아요. 쉽게 이야기해서 새로운 약을 만들어서 쥐에게 주입하여 약물 실험을 한다고 하면, 약의 효과로 어떤 행동 변화를 보이는지 바로 확인할 수 있기도 하고, 또 이 약물을 세포에 주입하여 세포 실험을 한다고 하더라도 병든 세포가 회복이 되는지, 그대로 죽게 되는지 등을 기계를 통해 분석하기 전에 직접 눈으로 확인할 수 있는 거죠.

Question 생명과학자로서 가장 큰 부담은 무엇인가요?

연구원은 관찰이나 실험을 통해서 계속 새로운 것들을 알아내는 일을 하는 사람인데, 그렇게 새로운 것들을 계속 받아들여야 하는 게 가끔은 중압감으로 다가올 때가 있어요. 그리고 연구원으로 일을 하다보면 연구 데이터를 가지고 여러 사람들 앞에서 발표하는 일이 많은데, 생명과학이라는 학문은 100%가 없고, 또 관점에 따라 다르게 해석될 수 있는 부분들도 있어서 누군가는 제가 말한 내용에 대해서 반박을 할 수도 있어요. 그래서 발표를 하면서 '내가 하는 말이 보편적인 논리의 흐름에 어긋나는 말이면 어떡하지?' 하는 생각이 들 때가 있는데 그럴 때 부담감을 느끼는 것 같아요.

Question 취미활동은 무엇이고 스트레스는 어떻게 푸시나요?

저는 다양한 취미활동들을 갖고 있어요. 가장 오랫동안 이어온 취미활동은 독서인데, 셜록 홈즈나 히가시노 게이고 작가의 추리소설들을 정말 좋아해서 같은 책을 여러 번 반복해서 읽기도 해요. 최근에는 자기계발이나 에세이류를 많이 읽고 있어요.

또 유튜브를 시작하면서 제 주변에서 일어나는 많은 일들을 영상으로 담는 취미가 생겼어요. 순간의 장면들을 놓치고 후회하는 일을 몇 번 겪고 나서는 조금 강박적으로 찍는 것 같은 느낌이 들 때도 있는데, 시간이 지나 다시 이전의 영상들을 보면 그 때의 감정이 그대로 느껴져서 너무 좋더라고요.

▸ 취미활동_독서

▸ 취미활동_보태니컬 아트

유튜브라는 혼자만의 취미활동을 시작하면서 동시에 엄마와 함께하는 취미활동도 있으면 좋겠다고 생각해서 그림도 배우고 있어요. '보태니컬 아트'라고 해서 꽃을 세밀하게 그리는 그림을 배우고 있는데, 컬러링 북처럼 꽃들에 색을 입히다 보면 현재 그리고 있는 그림에만 몰입하게 되어 잡생각이 사라지고 마음도 안정되어서 좋아요.

유독 스트레스를 받는 날에는 잔잔한 음악을 들어요. 저는 피아노곡이나 기타로 연주한 곡들을 좋아하는데요. 밖에서 생각을 비우고 음악을 듣고 있으면 금방 기분전환이 되는 것 같아요.

Question 유튜브도 한다고 하셨는데 시작하게 된 계기는 무엇인가요?

제가 유튜브를 시작한 계기는 현재의 일상들을 기록하고 싶은 마음이 들어서였어요. 미래의 내가 영상들을 보면서 지금까지의 재미있었던 일들을 추억할 수 있고, 부모님이나 조부모님의 조금 더 젊은 모습들을 영상으로 담아두면 좋겠다는 생각이 들었어요. 저는 일단 생각을 하고 나면 행동이 빠른 편인데, 그래서 그런 생각을 하고 얼마 지나지 않아서 유튜브에 가입해서 채널을 만들었어요. 제가 어렸을 적부터 엄마가 불러주신 애칭인 '홍세발이'로 아이디를 정하고 영상을 올리기 위해서 '애프터 이펙트'라고 하는 영상편집 프로그램도 배웠죠. 학원을 다니진 않았고, 영상편집을 할 줄 아는 친한 교회 동생에게 조금만 재능 기부를 해달라고 부탁했어요.

Question 유튜브는 어떤 내용으로 구성되어 있나요?

처음에는 엄마와 함께하는 영상들을 찍어서 올렸는데 어느 날 우연히 다른 분야의 연구원 분들이 연구원을 주제로 만든 영상들을 보게 되었어요. 저도 해보면 재밌겠다는 생각이 들어서 퇴근하는 버스 안에서 내용을 구상하고, 집에 도착하자마자 생각했던 내용의 영상을 찍어서 올렸죠. 그 날 찍은 '연구원 QnA' 영상을 많은 분들이 좋아해주셔서 그 뒤로 제 채널의 방향성도 생명과학연구원과 관련된 내용으로 바뀌었어요. 현재는 생명과학연구원이나 대학원 생활, 연구실 용어들을 설명하는 영상들을 올리고 있어요.

Question 유튜브를 하면서 느낀 점과 하고 싶은 말이 있나요?

사실 정말 우연히 연구원과 관련된 영상을 찍어보자고 생각을 하고 행동한 것이었는데, 그 영상 덕분에 이렇게 연락을 받아 인터뷰를 하고, 책의 한 부분에 저의 이야기가 실릴 수 있게 되었다는 것이 너무 신기해요. 최근에는 다른 유튜브 채널에서도 제의를 받아 인터뷰를 하기도 했어요. 또, 회사나 연구소의 R&D 분야에서 하는 일을 설명해주는 멘토가 되어 달라는 제안을 받기도 했죠. 유튜브를 시작하고 나서 저는 스스로에게 많은 변화가 있었고, 기회가 생겼다고 느끼는데, 이런 일들이 저는 우리가 살아가는 인생과 비슷하다는 생각을 해요. '나비의 작은 날갯짓이 날씨 변화를 일으키게 된다.'는 나비효과라는 말이 있는 것처럼 우연히 한 행동 하나가 미래의 많은 결과들을 불러오죠.

이 글을 읽으시는 여러분들이 생각하기에 '왜 나에겐 기회가 하나도 안 오지?', '내가 할 수 있는 일은 왜 이렇게 작은 일이지?'라고 느낄지도 모르겠어요. 하지만 지금의 그 작은 일이나 기회같이 보이지 않는 그 일이 나중에는 어떤 큰 결과로 돌아올지는 아무도 몰라요. 제가 유튜브를 하면서 작지만 내가 할 수 있는 일들을 열심히, 꾸준히 하면 그 일이 나에게 기회가 된다는 것을 느낀 것처럼, 여러분들도 지금 할 수 있는 작은 일들을 잘 쌓아 올려서 많은 기회들이 생기는 경험을 하게 되길 바랄게요.

▸ <홍세발이> 유튜브 채널 메인화면

Question 정말 생명과학자가 되었다고 느꼈을 때는 언제인가요?

학회에 참석하여 제가 한 연구결과들을 다른 사람들에게 발표할 때, 스스로가 정말 과학자가 되었다고 느껴요. 사실 연구하는 시간의 대부분은 실험을 하는 시간인데, 계속해서 실험만 하다 보면 가끔은 내가 과학자인지, 실험적인 반복작업을 하는 사람인지 하는 우울한 감정이 들 때도 있거든요.

그런데 학회에 참석해서 제가 지금까지 했던 연구 성과들을 발표하고 다른 연구자들과 교류하는 시간을 가지면 정말 내가 과학자가 되었다는 느낌을 받는 것 같아요. 특히 다른 사람들이 제가 진행한 연구에 대해서 관심을 가지고 질문을 할 때, 연구자로서 인정을 받는 것 같아 뿌듯한 마음이 들어요.

Question 생명과학자로 일하며 기억에 남는 에피소드가 있을까요?

아이러니하게도 저는 사람을 제외한 모든 동물들을 무서워해요. 곤충이나 물고기, 새는 물론, 강아지, 고양이 같은 반려 동물도 가까이 오면 극도로 무서워해요. 근데 그런 제가, 실험용 쥐를 가지고 동물실험을 하는 연구실에서 대학원생활을 시작한거예요. 실험용 쥐와 함께 했던 그 시간들이 아직까지도 기억에 남아요.

저희 대학원 건물에는 '동물실'이라고 하는 실험용 쥐를 키우는 공간이 따로 마련되어 있었는데, 일주일에 한 번씩 쥐가 살고 있는 케이지를 바꿔주고 케이지들이 모여 있는 공간을 치워주는 청소를 해야 했어요. 처음에는 막내라서 쥐를 만지는 일은 하지 않고 다른 잡다한 일들을 했는데, 쥐와 가까이 있다는 사실만으로 너무 무서웠어요.

조금 시간이 지나서 쥐의 꼬리를 잡아 케이지를 옮겨주는 것에 익숙해졌을 때쯤엔 쥐에게 약물을 주사하는 프로

젝트를 맡게 되었어요. 나중에 어차피 하게 될 일이라면 지금부터 극복해보자는 마음으로 제가 맡겠다고 한 건데, 그 프로젝트를 진행하면서 엄청 많이 울었던 기억이 나요. 그냥 평범한 쥐들이 아니고 알츠하이머가 유발된 쥐들이라 엄청 사나워서 많이 물리기도 했고, 주사하다가 쥐가 도망가서 잡으러 다니느라 고생도 많이 했어요. 돌이켜보면 동물에 대한 두려움을 극복했다기보다는 오히려 더 두려워하게 된 것 같긴 하지만 손을 벌벌 떨면서도 약물을 잘 주사할 수 있는 능력을 얻게 되었으니 만족합니다. 매일 쥐들에게 물과 먹이를 주느라, 주말에도 공휴일에도 연구실에 출근을 하곤 했는데, 이제는 좀 그립기도 하네요. 그 때 제가 받던 월급보다 3배는 몸값이 비쌌던 애증의 '쥐님'들과의 에피소드예요.

Question 생명과학자들이 하는 연구들은 어떤 것들이 있나요?

생명과학의 분야는 매우 다양해요. 생명과학자들은 현재 유행하고 있는 코로나 바이러스나 매년 유행하는 독감 같은 질병을 연구하거나 새로운 약을 만들고, 멸종이 되어가고 있는 동물이나 식물을 보존하고 보호하기 위한 연구들을 합니다. 또, 새로운 화장품이 만들어진 후에는 화장품이 우리 몸에 유해하거나 좋지 않은 영향을 주는 것은 아닌지 검사를 하기도 하고, 특정한 환경에 놓인 동물이나 사람들의 행동을 분석하는 일을 하기도 합니다.

제가 진행했던 연구들에 대해서도 간략하게 소개를 하자면, 대학원과 첫 번째 직장이었던 제약회사에서는 신경퇴행성질환에 관련된 연구를 진행했어요. 아직까지 원인이나 치료제가 개발되지 않은 질병인 알츠하이머병과 파킨슨병이라고 하는 두 가지 질환을 연구했는데, 병의 원인이나 작용 기작, 치료제로 쓰일 수 있는 후보 약물들에 대한 연구들을 진행했어요. 두 번째 직장인 GIST에서는 이전과는 조금 다른 연구들을 하고 있는데요, 단백질의 구조를 밝히는 일이죠. 우리 몸속에 있는 많은 막 단백질들의 구조를 알아내기 위한 연구들을 진행하고 있습니다.

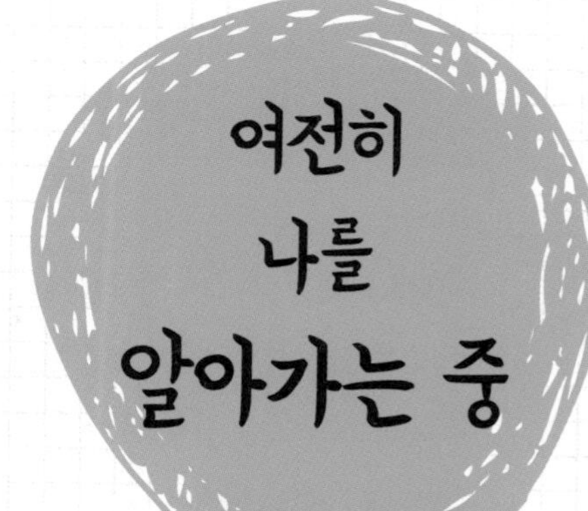

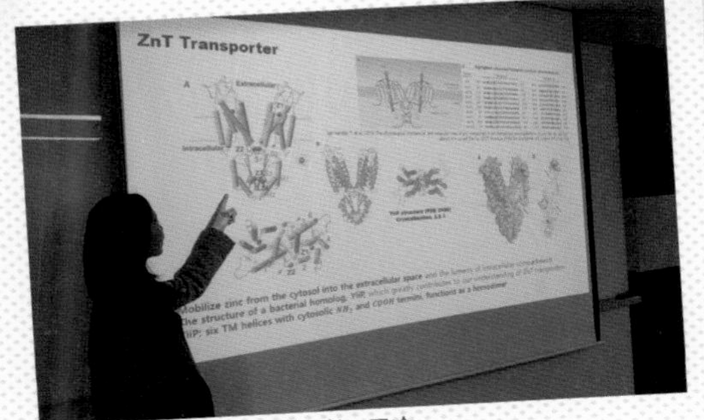

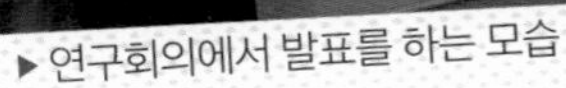
▶ 연구회의에서 발표를 하는 모습

▶ 저널미팅발표 준비

▶ 연구실에서

▶ 유튜브크리에이터 활동

Question 생명과학은 어떤 학문이라고 생각하나요?

생명과학 분야에서 연구를 하면서 알게 된 것인데, 생명과학이라는 분야는 100% 사실이 없어요. 즉, 이제까지 사실로 알려졌던 부분도 어느 순간 뒤집힐 수 있는 거죠. 그래서 현재 교과서나 전공 서적에 실린 내용이라고 하더라도 개정판이 나오면서 그 내용이 바뀌기도 해요. 생명과학은 사실이라고 알려진 것들을 받아들이기만 하는 학문이 아니라 계속해서 변화하고 발전하는 학문이에요.

Question 생명과학자에 대한 오해와 진실은?

최근 다른 곳에서 인터뷰를 하면서 많은 사람들이 과학자들은 혼자 일하는 직업이고, 커뮤니케이션 능력이 중요하지 않은 직업이라고 생각한다는 것을 알게 되었어요. 하지만 실제로는 전혀 그렇지 않아요. 연구라는 것이 실제로는 혼자하기에는 한계가 있어서 여러 사람이 함께 해야만 하는 일이고, 혼자만의 세계에 빠져서 연구가 산으로 가는 것을 막기 위해서라도 주변의 동료 연구원분들과 주기적으로 의견을 나누는 일이 꼭 필요합니다. 그리고 학회에 참석하여 연구 성과를 발표하거나 다른 사람들이 연구한 내용들을 논문으로 접하는 일이 많기 때문에 '읽고 듣고 말하는' 모든 종류의 언어능력이 많이 필요해요.

또 다른 오해는 생명과학 분야의 연구를 하면 모두가 '동물실험'을 할 것이라는 생각입니다. 저희는 흔히 마우스 실험이라고 하는데, 실험용 쥐를 사용하는 실험들이죠. 하지만 사실 마우스 실험을 하는 연구실들은 많지 않아요. 오히려 동물을 가지고 하는 실험보다는 대장균이나 효모, 세포주와 같은 더 작은 단위의 생명체를 가지고 실험을 하는 경우가 대부분이죠. 그래서 동물을 좋아하지 않거나 무서워하는 분들도 충분히 생명과학자가 될 수 있어요.

Question 생명과학자가 되기 위해 꼭 필요한 과목은 무엇일까요?

대학에 입학하기 전까지는 과목을 구분하지 않고 모든 과목들을 열심히 하는 것이 좋은 것 같아요. 제가 중고생일 때는 이해하지 못했는데, 고등학교 때까지 배우는 과목에 대한 지식은 기본적으로 필요한 소양이라는 어른들의 말을 그대로 전해주고 싶어요.

물론 중학생이나 고등학생 때부터 생명과학과 관련된 경험을 하거나, 관련된 지식들을 많이 쌓아 두면 좋긴 하겠지만, 저는 생명과학자에게 생명과학 분야의 지식만큼 다른 과목들도 중요하다고 생각하기 때문에 생명과학자가 되려면 꼭 생명과학 분야의 지식만을 쌓아야 한다고 생각하지 않았으면 좋겠어요.

Question 생명과학자가 되고 싶은 학생들에게 추천할 만한 활동이 있을까요?

본인이 관심 있는 분야에 대해서 지속적으로 변화를 관찰하고 기록하는 활동을 하는 것을 추천해요. 실험이라는 것은 쉽게 말해서, 이걸 조금 바꿔보고 결과를 기록하고, 다음 번에는 다른 걸 바꿔보고 다시 결과를 기록해서 결과들을 서로 비교하고 분석하는 일이거든요. 저는 이런 경험을 일상생활 중에서도 연습할 수 있다고 생각해요.

예를 들어 만약 요리하는 것을 좋아한다고 하면, 라면을 끓일 때 한 번은 물 양을 권장대로 넣어보고, 또 다음번에는 권장량보다 많이 넣어보고, 그 다음에는 권장량보다 조금 넣어서 끓여보고 하면서 그 결과들을 기록하고 변화를 살펴보는 거죠. 피부에 관심이 있다면, 레모나를 하루에 하나씩 먹었을 때와 먹지 않았을 때의 주근깨나 피부의 밝기 변화를 살펴보거나 특정 기초 화장품을 사용했을 때의 피부 변화를 살펴보는 일들을 할 수도 있어요. 그러면서 일상에서도 자연스럽게 실험을 하는 방법을 배우게 되는 거죠.

Question 예비 생명과학자로서 필요한 능력을 키울 방법이 있을까요?

연구를 하는 사람들에게는 '이해력'이 꼭 있어야 한다고 생각합니다. 연구원들은 나의 실험 결과와 논문에 있는 다른 사람들의 실험 결과들을 이해하는데 많은 시간을 사용하고 있기 때문이죠. 그리고 연구 목적을 잘 이해하고 목적에 부합하는 실험을 하기 위해서도 이해력은 연구원에게 꼭 필요한 능력이에요. 개인적으로는 독서를 많이 하면 이해력이나 논리력이 생긴다고 생각하는데 과학자를 꿈꾸시는 분들이라면 여러 분야의 책을 읽어보고 본인이 읽은 것들을 바탕으로 깊이 있게 생각하는 연습을 하면 좋을 것 같아요.

그리고 논리적으로 생각을 하는 능력도 중요하다고 생각해요. 연구원들이 자신이 관찰한 실험결과를 다른 사람에게 전달할 때, 논리적인 사고방식을 통해 도출된 결론만이 신뢰성을 얻기 때문이에요. 그래서 만약 본인이 어떤 주제에 대한 주장이 있다면 내가 어떤 이유들로 인해서 그런 주장을 하게 되었는지를 생각해보고 그것에 대해서 명확하게 설명하는 연습을 하면 좋을 것 같아요.

또, 꼼꼼하게 기록을 하는 습관을 가지는 것이 좋아요. 꼼꼼한 기록은 실험을 할 때 결과에 영향을 주는 변수들을 발견하고 통제하는데 도움이 되고, 평소에 어떤 경험을 하면서 느끼게 되는 것들이나 떠오른 아이디어들을 잊지 않게 해주죠. 그래서 저는 연구에 대한 아이디어나, 제가 관심 있는 주제의 좋은 생각들이 떠오를 때마다 항상 메모를 해요. 요즘에는 핸드폰 어플 중에도 좋은 메모 어플들이 많이 있으니, 이제부터라도 여러 생각들이 떠오를 때마다 메모를 하는 습관을 들이면 좋을 것 같습니다.

실험실 컨택을 하기 위해 어떤 준비를 해야 할까요?

먼저, 본인이 원하는 일이 무엇인지에 대해서 정확히 알아야만 해요. 제가 여러 경험들을 통해서 생명과학 분야에 대한 연구를 하고 싶다는 방향을 정하고, 그 중에서도 암이나 뇌, 면역학에 대해서 연구를 하고 싶다고 세부적인 것들을 생각했던 것처럼 말이에요.

본인이 원하는 것이 무엇인지를 알기 위해서는 그것과 관련된 다양한 경험들을 해보고 그 주제에 대해서 스스로 생각하는 시간들을 많이 가져보는 것이 중요한데, 대학생이라면 관련된 수업들을 들어보거나 학교에서 무료로 열리는 강연들을 참석해보는 것도 좋아요. 최근에는 대학에서 열리는 강연에 일반인들도 참석할 수 있도록 열어 두기도 하였고, 인터넷 상으로 강연을 하는 'webinar(웨비나)' 형태의 세미나도 많아서 집에서도 관심 있는 분야의 강의를 들을 수 있어요. 저는 '카오스 사이언스'나 '한국생명공학연구원', '한국기초과학지원연구원' 등의 유튜브 채널에서 올라오는 영상도 자주 보는데요, 관심 분야의 정보를 이전보다 쉽게 얻을 수 있게 되어 좋다고 생각합니다.

본인이 무엇을 원하는지에 대해 알았다면, 다음으로는 관련된 경험을 쌓는 것이 중요해요. 첫 번째 스텝에서 넓고 얕은 경험들을 해보았다면 이제는 조금 더 깊은 경험들을 해볼 차례인거죠. 대학교 프로그램 중 '인턴 프로그램'이나 '오픈랩 프로그램'과 같은 실험실 생활을 경험해 볼 수 있는 프로그램에 참석하거나, 좋아하는 교수님이 있다면 교수님과 1:1 면담을 주기적으로 하면서 여러 이야기들을 나눠보는 것도 좋은 것 같아요. 실험실 생활을 할 때 교수님과의 관계가 굉장히 중요한데 여러 대화들을 나누어보면서 내가 좋아하는 교수님과 내가 잘 맞는지에 대해서 미리 경험해볼 수 있으니까요.

Question 생명과학 관련, 추천해 주실 만한 영화나 책이 있나요?

생명과학 분야에서 '스플라이스'라고 하는 영화가 가장 기억에 남아요. 이 영화 속에서는 모든 종들의 장점만을 따서 하나의 생명체를 만드는 과학자 부부의 이야기가 나오는데요, 저는 이 영화를 보면서 '과학자에겐 어디까지의 연구가 허용되는 걸까?' 하는 생각을 했어요.

과학적인 호기심이 커지고 연구를 하는 일에 몰두하면 새로운 것들을 발견하거나 창조해 낼 가능성이 높아짐과 동시에 그 새로운 어떤 것이 앞으로 사회에 미칠 부정적인 영향에 대해서는 과소평가하게 되는 일이 생기는 것 같아요. 영화 속에서는 그 양면성 중 부정적인 면을 집중적으로 보여주기는 했지만, 사실 실제로 영화 속에서 나온 그 생명체를 만들었다면 과학적으로 엄청난 성과이기도 하거든요. 과학 윤리에 대해서 생각해볼 기회를 준 영화였던 것 같아요. 넷플릭스에 있는 다큐멘터리인 '부자연의 선택'도 비슷한 문제에 대해서 생각하게 하는 영상물인 것 같아요.

도서로는 '브레이크 다운'이라고 하는 B. A. 패리스 작가의 스릴러 소설을 추천합니다. 극 중에서 주인공이 알츠하이머병에 걸린 것으로 설정이 되어 있는데 질병에 대해서 표현을 정말 잘 해서 보는 내내 신기했어요.

박영대 작가님의 '쿤의 과학혁명의 구조'라고 하는 만화책도 정말 추천해요. 이 책은 과학철학자 토머스 쿤이 쓴 '과학혁명의 구조'라고 하는 책을 읽기 쉽게 교양 만화로 만든 책이에요. 이 책에서는 지동설의 근거들을 관찰하면서도 관찰자의 시각에 따라 어느 과학자는 지구가 돈다고 결론을 짓고, 또 어느 과학자는 그렇지 않다고 결론을 짓는 장면이 나오는데요, '과학을 하는 사람의 관점은 만들어질 수 있는 거구나' 하는 생각을 하게 되는 계기가 되었어요. 책의 전반적인 내용들이 매우 철학적인데도 만화로 되어 있어서 생각보다 어렵지 않고 재미있게 읽었어요.

조금 더 고차원적인 수준의 책을 읽고 싶다면 강석기 작가님의 '생명과학의 기원을 찾아서'라는 책을 추천합니다. 생명과학 분야가 발전하는데 중요하게 작용한 몇 편의 논문들을 소개하며 그 논문들에 얽힌 비하인드 스토리를 소개하는 책인데, 오리지널 논문을 소개하는 책인데도 불구하고 논문의 내용들을 제대로 해석할 수 있도록 설명이 많이 되어 있어서 어렵지 않게 생명과학 분야에서 중요한 논문들을 접해볼 수 있는 기회가 될 것이라고 생각해요.

Question 생명과학자를 꿈꾸는 학생들에게 해주고 싶은 말이 있다면?

본인이 하고 싶은 일, 본인이 가장 잘 할 수 있는 일을 찾아서 하겠다는 마음과 의지만 있다면 다른 사람들보다 속도는 조금 늦더라도 결국에 목표로 하는 일을 할 수 있다는 것을 말해주고 싶어요. 어렸을 때부터 명확히 한 가지 분야에 관심이 있어서 관련 경험들을 하면서 꾸준하게 커리어패스를 밟아 오신 분들도 계시겠지만 저처럼 이것도 해보고 저것도 해보고 다양한 길을 가다가 실패도 겪고 다시 되돌아오는 사람도 있거든요.

그러니 너무 조급해하지는 않았으면 좋겠어요. 또 어느 분야이든지 목표에 다가갈 수 있는 방법은 다양하니 본인이 지금까지 관련 커리어패스를 잘 밟아오지 못했다고 하더라도 절대 포기하지 않으셨으면 좋겠어요. 모두들, 목표하시는 것들을 이루시기를 응원할게요.

Question 앞으로의 목표는 무엇인가요?

저는 다른 사람들에게 선하고 좋은 영향력을 미치는 사람이 되고 싶어요. 그 분야가 제가 전공으로 하는 생명과학 분야이면 더 좋겠지만 꼭 그렇지 않더라도 좋을 것 같아요. 생명과학 분야나 다른 분야에서 제가 알고 있는 지식이 다른 누군가에게 도움이 된다면 좋을 것 같아요. 저는 디지털 문명을 누리지 못하는 디지털 소외계층이 있는 것처럼 기초과학분야에서도 아는 것이 없으면 소외 계층이 될 수 있다고 생각해요. 일상생활 속에서 우리가 알게 모르게 과학이 들어가 있는 곳들이 많고, 그래서 과학적인 지식이 없으면 손해를 보는 일이 생길 때도 있어요. 그래서 과학을 잘 모르는 분들이나 어렵다고 생각하는 분들에게 제가 알고 있는 내용들을 쉽고 재미있게 전할 수 있다면 의미가 있을 것 같아요.

최근에는 생명과학에 관심 있는 분들을 위해서 제가 하고 있는 일을 알려주고 싶은 마음에 개인 유튜브 채널을 개설해서 영상을 올리고 있는데, 제가 당연하다고 생각했던 것들인데 신기하게 여겨주시거나 저의 영상에 도움을 받았다고 해주시는 분들이 많아서 뿌듯해요. 기회가 된다면 여러 사람들을 직접 만날 수 있는 곳에서 강연을 하거나 제가 가진 지식들을 필요로 하는 분들을 위해서 책을 쓰고 싶어요.

Question 연구원님에게 생명과학자란?

생명과학자는 '내 몸의 신비를 밝히는 현미경'이다.

Question 최근 가장 관심 있는 분야는 어떤 건가요?

저는 최근에 '나를 알아가는 것'에 대해서 가장 관심이 있어요. 사실 이건 제 평생에 관심이 있어왔던 것이기도 하지만요. 중고등학생 때는 대입 준비에 치여서 깊은 생각들을 못 했던 것 같고, 대학에서는 사회에서 인정해주는 '스펙'들을 쌓느라 제 자신에게 이렇게까지 관심을 갖지 못했던 것 같아요. 이제는 '연구원'이라고 하는 그럴듯한 명칭을 스스로에게 붙일 수 있게 되었고, 또 제가 맡은 일들에 익숙해지게 되면서 저를 돌아볼 수 있는 시간이 생겼어요.

저는 올해로 나이가 서른이 되었는데요, 종종 저보다 훨씬 어린 친구들인데도 '나는 이미 늦었어, 나는 틀렸어' 라고 말하는 분들을 만나요. 요즘에는 워낙 어린 나이에도 성공하는 분들이 많으니까 그런 생각들을 하게 되는 것 같아요. 주변을 둘러보면 나 빼고는 다 잘되고, 다 뚜렷한 목표들을 향해서 달려가는 것만 같고. 저도 비슷한 생각들을 하면서 좌절하는 시간도 많았는데, 다른 사람들에게 향해 있던 시선을 제게 돌리고 나니 좀 편안해졌어요.

제가 좋아하는 책인 신미경 작가님의 나의 최소 취향 이야기에는 이런 말이 나오는데요, '예전에는 내가 무얼 좋아하는지 잘 몰랐고, 남들이 욕망하는 모든 것에 관심을 드러냈다.' 이 말이 제게는 굉장한 힘이 되었어요. 생각해보니 사실 제가 다른 사람들을 보며 부럽다고 여겼던 것들 중 대부분은 제가 진짜 원하는 것들이 아니었거든요. 근데 제가 실제로는 원하지도 않는 것들을 보면서 좌절하느라 저의 시간과 에너지를 쏟고 있었던 거죠.

Question 청소년들에게 해주고 싶은 말이 있다면?

한국에서 중학생, 고등학생의 신분으로 살아가면서 진짜 본인에 대해서 알아가기는 사실상 힘든 것 같아요. 자기가 관심 있는 분야, 좋아하는 분야의 직업을 선택해야한다고 하면서, 실은 내가 무엇을 좋아하고 관심 있는지를 아는 것조차 힘이 들죠. 조금이라도 내가 좋아하는 것들이 나와 잘 맞는지 시험해보려고 하면, 그러다가 너만 뒤쳐진다는 말로 두려운 마음을 심어주기도 하구요.

하지만 그래도 끝까지 '나 자신'에 대해 알아가는 노력을 포기하지 않으셨으면 좋겠어요. 내가 가장 나다울 수 있는 일은 무엇일지, 무엇이 나를 가장 편안하게 해주는지, 그리고 지금 내가 꿈꾸고 있는 것들이 진짜 내가 원하는 것들인지에 대해서 말이에요. 서른이 된 저도 아직까지 저를 알아가고 있는 중이고 또 저는 앞으로도 평생 계속 그럴 것이니까, 여러분들도 절대 늦었다고 생각하지 않으셨으면 좋겠어요. 언제라도 늦은 때는 없습니다.

i

자연과학연구원에게 청소년들이 묻다

청소년들이 자연과학연구원에게
직접 물어보는 10가지 질문

연구원이 되기 위해서는 꼭 박사학위까지 취득해야 하나요?

요즘엔 연구원의 종류도 굉장히 다양하고 연구원을 필요로 하는 곳도 굉장히 많아요. 그래서 대학원을 졸업하거나 박사 학위를 취득하지 않고, 대학교만 졸업해도 연구원이 될 수는 있어요.

박사 후 연구원은 무슨 일을 하나요?

박사 후 연구원은 포스트닥터나 포스닥이라고 하기도 하는데, 박사과정을 한 후 필수과정은 아니지만, 정식 연구원이 되기 전까지 훈련을 쌓는 기간으로, 논문의 실적을 올리고 연구 경험을 쌓는 기간이라고 생각하면 되요.

연구 논문은 어떻게 쓰나요?

저는 예보에 관련된 업무를 하면서 생기는 궁금한 점들이 있는데, 이에 관련된 것들을 분석하면서 논문을 쓰고 있습니다. 예를 들면, '미세먼지가 씻겨 내려가려면 비가 얼마나 와야 할까?' ' 미세먼지의 근본적인 원인은 무엇일까?' '바람에 따라 미세먼지는 어떤 영향을 받을까?'등 알면 알수록 궁금한 것들이 계속 생기는 것 같아요. 이러한 궁금증을 분석하고 해결해 나가면서 논문을 쓴다면 1석 2조의 효과가 될 거라고 생각해요.

본인이 원하는 연구 주제를 선택해서 연구하시나요?

사실 연구생활을 하다 보면, 본인이 하고 싶은 연구 주제를 선택할 수 있는 경우도 있지만, 아닌 경우도 많이 있는 것 같아요. 예를 들면 하고 싶은 주제의 연구를 하는 회사나 연구소를 찾아서 취업을 하였는데, 회사에서 본인에게 다른 업무를 맡기거나, 원래 하던 프로젝트가 마무리가 되어서 다른 연구 프로젝트를 맡게 되는 경우가 있죠. 하지만 처음에는 본인이 연구하고 싶었던 분야가 아니라 하더라도, 본인이 그 프로젝트에 진심을 다 하면 결국 그 연구가 내가 하고 싶은 연구가 된다고 생각해요.

자연과학연구원이 비정규직이 많다는데 사실인가요?

네. 정규직은 사실 많지 않죠. 저는 운이 좋은 케이스로 박사 과정 중에 정규직으로 들어오게 되었는데 실제로는 박사를 마치고도 비정규직으로 오시는 분들이 많아요. 특히 제가 하는 해양파충류 분야는 희소하기 때문에 더 그런 것 같아요.

육상파충류 같은 경우에도 연구자들이 꽤 많아서 보통 환경부 산하 기관에서 일을 하는데 경쟁률이 높은 편입니다. 그렇지만 최근 국제적으로 해양환경과 생물다양성에 대한 중요성이 강조되면서 관련 분야 연구원이나 과학관, 박물관 등이 다양하게 생기고 있어서 열심히 공부하고 준비한다면 경쟁력을 가질 수 있는 분야라고 생각해요.

연구원은 나이가 들어도 계속할 수 있나요?

개인적으로는 연구원 일은 나이가 들어서도 계속할 수 있는 일이라고 생각해요. 흔히 알고 있는 아인슈타인이나 에디슨 같은 위인들을 봐도 그렇고, 우리나라나 외국의 많은 학자 분들도 나이가 들어서도 계속 본인의 연구를 이어 나가시는 분들이 많이 있거든요.

하지만 실험을 하다 보면 인체에 좋지 않은 물질들도 많이 다루게 되는데요, 그것들 중에는 당장은 아무런 영향이 없는 것처럼 보이지만 조금씩 우리 몸을 병들게 하는 것들도 있어요. 이런 점을 주의하여 본인의 건강을 잘 챙기면서, 페이스 조절을 하며 연구를 한다면 나이가 들어서도 충분히 연구원으로 일을 할 수 있을 것이라고 생각해요.

천문학자님이 생각하시기에 외계인은 있나요?

외계인은 있다고 생각해요. 우리가 외계인이 있을까 없을까에 대한 질문을 갖는 이유는 우주가 얼마나 큰지 체감을 못하기 때문이에요. 우리의 우주가 얼마나 큰지, 얼마나 많은 별이 존재하고 있는지, 그 많은 별들에 얼마나 많은 행성들이 존재하는지 조금이나마 체감하게 된다면 이러한 질문에 대한 답은 너무나 당연할 것 같아요.

그런데 우주가 너무 커서 외계인의 존재를 확인하는 것이 쉽지 않기에 과학자들이 확실한 대답을 할 수 없는 것이라고 생각해요. 과학적인 답을 얻기 위해서는 반드시 존재 여부가 확인이 되어야 하니까요. 만약에 우리만 존재할 확률이 얼마나 작은지를 증명할 수 있다면 그것 또한 증거가 될 수 있지 않을까요? 저는 꼭 외계인이라고 단정할 수는 없지만 적어도 외계 생명체는 반드시 존재한다고 생각해요.

해양생물학자는 일할 자리가 많지 않나요?

해양생물은 해양수산의 큰 영역 중에 작은 부분을 차지하고 있는데, 진로의 방향성이 다양하지 않고 일할 자리가 많지 않기 때문에 계약직으로 근무하는 기간이 길어질 수 있는 우려가 있어요. 하지만 최근 들어 해양생태계에 대한 중요성이 강조되면서 다양한 연구기관이 생겨나고 있죠. 앞으로 해양생물학자들의 일자리는 더 많아질 거라고 생각해요.

화학자는 밤을 새서 연구하는 일이 많나요?

밤을 새는 경우도 있기는 한데 그렇게 많지는 않아요. 기계나 천문, 지질과 같은 연구 분야는 밤을 새워가며 지켜봐야 하는 경우가 많은 편인데, 화학은 상대적으로 반응이 간단한 게 많아서 실험시간이 짧은 경우가 많아요.

석사학위와 박사학위의 차이점은 무엇인가요?

석사학위는 연구하는 방법을 익히는 과정이고, 박사학위는 특정 전공분야를 심도 있게 배우는 과정이라고 말할 수 있어요.

CHAPTER

| 3 |

예비 자연과학연구원 아카데미

자연과학 관련 전시관 및 박물관

국립중앙과학관

국립중앙과학관은 연간 150여만명의 관람객이 찾는 우리나라 대표 과학관이다. 과학기술관, 자연사관, 인류관, 미래기술관, 천체관, 생물탐구관, 자기부상열차, 창의나래관 등의 전시관을 보유하고 있다.

위치 : 대전광역시 유성구 대덕대로 481 (구성동32-2) 국립중앙과학관
관람시간 : 오전 9시 30분 ~ 오후 5시 50분
월요일 / 설, 추석 연휴 당일 휴관 (예외 개관일 : 설 연휴 과학주간)
관람요금 : 무료 (일부 유료 500 ~ 2,000원)

전시관 안내

과학기술관

근현대과학기술, 겨레과학기술, 기초과학, 화학 등 다양한 분야를 보실 수 있는 전시관이다.

주제마다 동감 있는 전시품들이 자리하고 있어 과학기술의 원리를 깨닫고, 자연과 인간과 과학의 조화를 이해시키는 역할을 하고 있다.

자연사관

'한반도의 자연사'를 주제로 하여 한반도 땅덩어리와 그 위에 출현한 생물들의 진화를 중점적으로 볼 수 있는 전시관이다. 우리나라에서 가장 오래된 생명의 흔적인 10억년 된 화석과 25억년 된 암석 등 다양한 표본들이 구성되어 있다. 자연탐구실과 자연사연구실을 통해 가상현실과 다양한 표본제작을 체험해 볼 수 있다.

생물탐구관

생물탐구관은 우리나라 남쪽 해안 및 섬 지역에 볼 수 있는 늘 푸른 잎나무등 약 200여 종을 관찰할 수 있고, 야외에 위치한 자연생태학습원, 죽림원, 토담길, 공룡동산 등으로 꾸며진 전시관이다.

천체관

천체관은 23m 반구형 돔 화면의 국내 최초「3D 천체 투영관」으로, 우주와 천체에 관한 다양한 과학해설과 3D 돔 영화를 관람할 수 있다. 매주 토요일에는 천체관 문화행사인「뻔뻔한 별 이야기」강연을 진행하며, 매월 마지막 주 토요일에는 과학과 예술이 만나는「천체관 명품음악회」가 열린다.

▶ 천체관

▶ 자기부상열차

이밖에도 자기부상열차의 원리탐구 및 탑승체험을 할 수 있는 자기부상열차체험관, 첨단 과학기구와 장치를 체험할 수 있는 창의나래관 등 다양한 주제의 전시관이 있으며, 온라인에서는 e과학기술자료관, NARIS, 전국과학관 길라잡이 등을 운영하고 있다.

출처: 국립중앙과학관

한생연 생명과학박물관

한생연 생명과학박물관은 2006년 4월에 개관한 국내 최초의 생명과학박물관으로, 살아있는 다양한 동식물과 생명과학 연구에 필요로 하는 과학기기들이 전시되어 있다. 생명과학 연구의 산물인 형질전환 복제 고양이와 살아있는 거북 50종, 원시 어류인 폐어 등 다양한 동식물들을 관람 할 수 있다.

위치 : 서울특별시 양천구 목동동로 206-1번지 생명과학박물관 (목1동 405-207번지)
관람시간 : 오전 10시 ~ 오후 6시 사전예약제
월요일 / 설, 추석 연휴 당일 휴관
관람요금 : 유료 3,000 ~ 10,000원

주요전시물 및 관람·체험 내용

1. 나도 생명공학자! 유전자탐구!
2. 생체스코프와 3D해부현미경을 이용한 생명체 관찰
3. 200년전 고대 현미경으로 알아보는 현미경의 발달역사
4. 절지동물의 종류와 가치 탐구
5. 살아있는 거북 50종을 통한 종 다양성의 중요성 탐구
6. 다양한 양서류와 파충류 체험
7. 양서류의 조상! 원시어류 폐어
8. 사람에게 사랑받는 반려동물 탐구
9. 세계의 다양한 곤충 표본 전시
10. 온실 속 별난식물 체험
11. 과학기기를 활용한 체험활동

▸ 생명과학박물관 내부

▸ 유전자변형 고양이

출처: (주)한생연 생명과학교육연구

통영수산과학관

통영수산과학관은 바다와 인간, 과학이 어우러진 친환경 자연학습장이다. 전시실과 체험실 및 야외 시설 등을 통해 아이들은 신나고 재밌는 바다 공부를 할 수 있으며, 어른들은 환상적이고 신비한 바다 세상을 탐험할 수 있는 가족 휴양 공간이다.

위치 : 경상남도 통영시 산양읍 척포길 628-111 통영수산과학관
관람시간 : 오전 9시 ~ 오후 6시
월요일 / 설, 추석 연휴 당일 휴관
관람요금 : 유료 500 ~ 2,000원

전시관 안내

제1전시실[해양실]

원시지구에서 번개 치던 모습을 표현한 특수모형(플라즈마볼)을 중심으로, 지구 역사 46억년을 시계의 12시간으로 농축하여 전시실 중앙바닥에 그래픽화 하였고, 바다의 모습과 자원 등을 전시하고 있다.

제2전시실[해양실]

전시실 입구의 할아버지 모형이 고래의 얘기를 들려주며, 배의 종류와 특징, 조타실 체험, 해운항만의 발달 등의 내용과 바다의 이용, 해양의 미래, 바다환경의 중요성 등을 영상모니터, 특수 미러와 대형그래픽, 디오라마형식으로 전시하고 있다.

제4전시실[체험실]

조력, 파력발생을 체험할 수 있고, 살아있는 바다생물을 터치풀을 통해 관찰하고 만져볼 수 있다.

화석 및 어패류 전시실[체험실]

우리나라와 아열대 바다의 다양한 패류, 산호 및 지구 생명의 역사를 간직하고 있는 화석을 전시하고 있다.

출처: 통영수산과학관

IBS 과학문화센터 (기초과학연구원과학문화센터)

IBS 과학문화센터는 국내 유일의 기초과학연구기관인 기초과학연구원(IBS)이 운영하는 과학문화센터로, 2019년 12월에 개관하였다. 시민과 과학자들이 함께 과학을 즐기고 문화를 소통하는 공간이자 과학을 보고, 배우고, 체험할 수 있는 복합문화공간이다. 총 3층으로 이루어져 있으며, 과학도서관, 홍보관 및 전시관, 강당 및 컨퍼런스룸, 사이언스라운지 등 다양한 시설을 보유하고 있다.

위치 : 대전광역시 유성구 엑스포로 35 (도룡동 3-1) 기초과학연구원과학문화센터
운영시간 : 과학도서관 월 ~ 금 오전 10시 ~ 오후 7시
사이언스라운지 월 ~ 금 오전 10시 ~ 오후 7시 30분
홍보관 월 ~ 금 오전 10시 ~ 오후 5시
전시관 월 ~ 토 오전 10시 ~ 오후 5시

센터안내

과학도서관

교양, 과학서적, 과학다큐, 해외과학잡지 등 약 2만여 권의 자료를 소장하고 있는 과학전문도서관이며, DVD 등 다양한 시청각 자료도 볼 수 있다.

홍보관

기초과학연구원의 역사, 연구시설, 연구성과를 홍보하기 위한 공간이다. 지하실험실 및 기초과학연구원의 집단·대형·장기 연구 사례를 체험할 수 있다.

전시관

과학과 예술이 어우러진 전시로 관람객에게 과학에 대한 새로운 접근과 시각적인 즐거움을 선사하는 공간이다.

강당 / 컨퍼런스룸

과학 관련 다양한 강연 및 행사 진행하는 공간으로 대관 신청을 통해 대관할 수 있다.

강당은 200명까지 수용 가능하고, 컨퍼런스룸은 170명을 수용할 수 있다. 테이블/의자, 빔, 스크린, 단상, 화이트보드, 마이크, 음향시설, 통역실이 구비되어 있다.

사이언스 라운지

시민들의 휴게공간으로, 휴식 및 1층에서 대여한 자료를 볼 수 있다. 또한 2개의 건물로 구성된 과학문화센터를 연결하고 있어 양측 건물을 오갈 수 있다.

출처 : 기초과학연구원

자연과학 관련 대학 및 학과

출처: 커리어넷

물리학 관련 학과

지역	대학명	학과명
서울특별시	건국대학교(서울캠퍼스)	물리학전공
	건국대학교(서울캠퍼스)	물리학과
	건국대학교(서울캠퍼스)	물리학부
	경희대학교(본교-서울캠퍼스)	물리학과
	경희대학교(본교-서울캠퍼스)	응용물리학과
	고려대학교(본교)	물리학과
	광운대학교(본교)	전자바이오물리학과
	국민대학교(본교)	나노전자물리학과
	동국대학교(서울캠퍼스)	물리학과
	동국대학교(서울캠퍼스)	물리학전공
	서강대학교(본교)	물리학전공
	서울대학교	물리·천문학부(물리학전공)
	서울시립대학교(본교)	융합전공학부 물리학-나노반도체물리학
	서울시립대학교(본교)	물리학과
	성균관대학교(본교)	물리학과
	세종대학교(본교)	물리학과
	세종대학교(본교)	물리학전공/물리천문
	숙명여자대학교(본교)	응용물리전공
	숙명여자대학교(본교)	나노물리학과
	숭실대학교(본교)	물리학과
	연세대학교(신촌캠퍼스)	과학기술정책전공
	연세대학교(신촌캠퍼스)	물리학과
	이화여자대학교(본교)	물리학전공
	이화여자대학교(본교)	물리학과
	중앙대학교(서울캠퍼스)	물리학과
	한국외국어대학교(본교)	전자물리학과
	한양대학교(서울캠퍼스)	물리학과
부산광역시	경성대학교(본교)	물리학과
	경성대학교(본교)	에너지과학과
	동아대학교(승학캠퍼스)	신소재물리학과

지역	대학명	학과명
부산광역시	동의대학교	물리학과
	부경대학교(본교)	물리학과
	부산대학교	물리학과
인천광역시	인천대학교(본교)	물리학과
	인하대학교(본교)	물리학과
	인하대학교(본교)	물리화학부
대전광역시	충남대학교(본교)	물리학과
	충남대학교(본교)	과학기술전공
	충남대학교(본교)	물리학전공
대전광역시	한국과학기술원	물리학과
	경북대학교(본교)	물리및에너지학부 물리학전공
	경북대학교(본교)	물리학과
울산광역시	울산대학교(본교)	물리학과
	울산대학교(본교)	물리학전공
광주광역시	광주과학기술원(본교)	물리전공
	전남대학교(광주캠퍼스)	물리학과
	조선대학교(본교)	물리학과
경기도	가천대학교(글로벌캠퍼스)	나노물리학과
	가톨릭대학교(본교)	물리학전공
	경기대학교(본교)	전자물리학과
	단국대학교(죽전캠퍼스)	응용물리학과
	명지대학교(자연캠퍼스)	물리학과
	수원대학교(본교)	전자물리
	수원대학교(본교)	물리학과
	수원대학교(본교)	물리학
	아주대학교(본교)	물리학과
	한양대학교(ERICA캠퍼스)	응용물리학과
강원도	강릉원주대학교(본교)	물리학과
	강원대학교(본교)	물리학과
	상지대학교(본교)	응용과학군 응용물리전자학과
	연세대학교(원주캠퍼스)	응용과학부
	연세대학교(원주캠퍼스)	물리학전공
	한림대학교(본교)	응용광물리학과
충청북도	충북대학교(본교)	물리학과
충청남도	공주대학교(본교)	물리학과
	단국대학교(천안캠퍼스)	물리학과
	단국대학교(천안캠퍼스)	전자물리학과

지역	대학명	학과명
충청남도	순천향대학교(본교)	전자물리학과
전라북도	군산대학교(본교)	물리학과
	전북대학교(본교)	물리학과
	전북대학교(본교)	과학학과
전라남도	목포대학교(본교)	물리학과
경상북도	대구대학교(경산캠퍼스)	물리학과
	안동대학교(본교)	물리학과
	영남대학교(본교)	물리학과
	포항공과대학교(본교)	물리학과
경상남도	경상대학교	물리학과
	창원대학교(본교)	물리학과
제주특별자치도	제주대학교(본교)	물리학과
세종특별자치시	고려대학교(세종캠퍼스)	디스플레이융합전공

화학 관련 학과

지역	대학명	학과명
서울특별시	건국대학교(서울캠퍼스)	특성화학부
	건국대학교(서울캠퍼스)	화학과
	경희대학교(본교-서울캠퍼스)	응용화학과
	경희대학교(본교-서울캠퍼스)	화학과
	고려대학교(본교)	화학과
	광운대학교(본교)	화학과
	국민대학교(본교)	응용화학과
	국민대학교(본교)	응용화학부
	덕성여자대학교(본교)	화학과
	동국대학교(서울캠퍼스)	화학과
	동덕여자대학교(본교)	응용화학과
	동덕여자대학교(본교)	응용화학전공
	삼육대학교(본교)	화학과
	상명대학교(서울캠퍼스)	화학과
	서강대학교(본교)	화학전공
	서울대학교	화학부
	서울여자대학교(본교)	화학전공
	서울여자대학교(본교)	화학과

지역	대학명	학과명
서울특별시	성균관대학교(본교)	화학과
	성신여자대학교(본교)	화학과
	세종대학교(본교)	화학과
	숙명여자대학교(본교)	화학과
	숭실대학교(본교)	화학과
	연세대학교(신촌캠퍼스)	화학과
	중앙대학교(서울캠퍼스)	화학과
	한국외국어대학교(본교)	화학과
	한양대학교(서울캠퍼스)	화학과
부산광역시	경성대학교(본교)	화학전공
	경성대학교(본교)	화학과
	고신대학교	화학신소재전공
	동아대학교(승학캠퍼스)	화학과
	동의대학교	화학과
	동의대학교	응용화학전공
	부경대학교(본교)	화학과
	부산대학교	화학과
인천광역시	인천대학교(본교)	화학과
	인하대학교(본교)	화학과
대전광역시	대전대학교(본교)	응용화학전공
	대전대학교(본교)	응용화학과
	충남대학교(본교)	화학전공
	충남대학교(본교)	화학과
	한국과학기술원	화학과
	한남대학교(본교)	화학과
대구광역시	경북대학교(본교)	응용화학공학부 응용화학전공
	경북대학교(본교)	응용화학과
	경북대학교(본교)	화학과
	계명대학교	화학전공
울산광역시	울산대학교(본교)	화학전공
	울산대학교(본교)	화학과
광주광역시	광주과학기술원(본교)	화학전공
	전남대학교(광주캠퍼스)	화학과
	전남대학교(광주캠퍼스)	응용화학부
	조선대학교(본교)	화학과
	조선대학교(본교)	응용화학소재공학과
경기도	가천대학교(글로벌캠퍼스)	나노화학과

지역	대학명	학과명
경기도	가톨릭대학교(본교)	화학전공
	경기대학교(본교)	화학과
	단국대학교(죽전캠퍼스)	화학과
	대진대학교(본교)	화학전공
	명지대학교(자연캠퍼스)	화학과
	수원대학교(본교)	화학
	수원대학교(본교)	화학과
	수원대학교(본교)	융합화학산업
	아주대학교(본교)	화학과
강원도	강원대학교(본교)	화학과
	강원대학교(본교)	화학 · 생화학부
	연세대학교(원주캠퍼스)	화학및의화학전공
	한림대학교(본교)	화학과
충청북도	건국대학교(GLOCAL캠퍼스)	에너지소재학전공
	건국대학교(GLOCAL캠퍼스)	응용화학전공 트랙
	세명대학교(본교)	화장품·뷰티생명공학부
	청주대학교(본교)	응용화학과
	충북대학교(본교)	화학과
충청남도	공주대학교(본교)	화학과
	단국대학교(천안캠퍼스)	화학과
	선문대학교(본교)	나노화학과
	순천향대학교(본교)	화학과
	한서대학교(본교)	화학과
전라북도	군산대학교(본교)	화학과
	우석대학교(본교)	응용화학과
	전북대학교(본교)	화학과
	전북대학교(본교)	과학기술학부(화학전공)
전라남도	목포대학교(본교)	화학과
경상북도	금오공과대학교(본교)	응용화학과
	대구가톨릭대학교(효성캠퍼스)	화학전공
	대구대학교(경산캠퍼스)	화학·응용화학과
	대구한의대학교(삼성캠퍼스)	향산업전공
	대구한의대학교(삼성캠퍼스)	향산업학과
	안동대학교(본교)	응용화학과
	영남대학교(본교)	화학생화학부
	영남대학교(본교)	화학전공
	영남대학교(본교)	화학과

지역	대학명	학과명
경상북도	포항공과대학교(본교)	화학과
경상남도	경상대학교	화학과
	창원대학교(본교)	화학과
	한국국제대학교(본교)	식품의약학과
제주특별자치도	제주대학교(본교)	화학·코스메틱스학과
	제주대학교(본교)	화학과

생명과학 관련 학과

지역	대학명	학과명
서울특별시	건국대학교(서울캠퍼스)	줄기세포재생공학과
	건국대학교(서울캠퍼스)	생명과학특성학과
	건국대학교(서울캠퍼스)	생명과학전공
	건국대학교(서울캠퍼스)	의생명공학과
	고려대학교(본교)	생명과학부
	국민대학교(본교)	바이오의약전공
	국민대학교(본교)	생명나노화학과
	동국대학교(서울캠퍼스)	생명과학과
	동국대학교(서울캠퍼스)	의생명공학과
	동국대학교(서울캠퍼스)	바이오학부 생명과학전공
	삼육대학교(본교)	생명과학과
	삼육대학교(본교)	화학생명과학과
	상명대학교(서울캠퍼스)	생명과학과
	서강대학교(본교)	생명과학전공
	서울대학교	생명과학부
	서울대학교	식물생산과학부(작물생명과학전공)
	서울대학교	식품·동물생명공학부
	서울대학교	농업생명과학대학
	서울시립대학교(본교)	생명과학과
	서울시립대학교(본교)	융합전공학부 생명과학-빅데이터분석학전공
	서울여자대학교(본교)	바이오인포매틱스전공
	서울여자대학교(본교)	화학생명환경과학부
	성균관대학교(본교)	글로벌바이오메디컬공학과
	성균관대학교(본교)	생명과학과
	성균관대학교(본교)	생명과학전공

서울특별시	성신여자대학교(본교)	생명과학·화학부
	세종대학교(본교)	생명시스템학부
	숙명여자대학교(본교)	생명시스템학부
	숭실대학교(본교)	의생명시스템학부
	연세대학교(신촌캠퍼스)	바이오융합전공
	연세대학교(신촌캠퍼스)	생명시스템계열
	연세대학교(신촌캠퍼스)	언더우드 생명과학공학전공
	이화여자대학교(본교)	생명과학전공
	이화여자대학교(본교)	화학생명분자과학부
	중앙대학교(서울캠퍼스)	생명과학과
	한양대학교(서울캠퍼스)	생명과학과
	한양대학교(서울캠퍼스)	생명과학전공
부산광역시	경성대학교(본교)	생명과학전공
	경성대학교(본교)	화학생명과학부
	고신대학교	생명과학전공
	고신대학교	의생명과학전공
	동아대학교(승학캠퍼스)	생명과학과
	동아대학교(승학캠퍼스)	생물·의생명과학과
	동의대학교	바이오의약공학전공
	동의대학교	생명응용학과
	동의대학교	의생명공학전공
	부산대학교	식물생명과학과
	부산대학교	생명과학과
	신라대학교(본교)	생명과학과
인천광역시	인천대학교(본교)	나노바이오전공
	인천대학교(본교)	분자의생명전공
	인천대학교(본교)	생명과학전공
	인천대학교(본교)	생명과학부
	인하대학교(본교)	생명과학과
대전광역시	대전대학교(본교)	생명과학전공
	대전대학교(본교)	생명과학과
	대전대학교(본교)	생명과학부
	목원대학교(본교)	의생명·보건학부
	충남대학교(본교)	미생물분자생명과학과
	충남대학교(본교)	생명과학부
	충남대학교(본교)	미생물 · 분자생명과학과
	한국과학기술원	생명과학과
	한남대학교(본교)	생명시스템과학과

대구광역시	경북대학교(본교)	생명과학부
	경북대학교(본교)	글로벌인재학부 융합생명과학전공
	경북대학교(본교)	응용생명과학부 식물생명과학전공
	계명대학교	생명과학전공
울산광역시	울산과학기술원	생명과학부
	울산대학교(본교)	의생명과학전공
	울산대학교(본교)	생명과학부
	울산대학교(본교)	생명과학전공
광주광역시	광주과학기술원(본교)	생명과학전공
	광주대학교(본교)	생명건강과학과
	남부대학교(본교)	한방제약개발학과
	전남대학교(광주캠퍼스)	지역 · 바이오시스템공학과
	전남대학교(광주캠퍼스)	생명과학기술학부
	전남대학교(광주캠퍼스)	생명과학전공
	조선대학교(본교)	의생명과학과
	조선대학교(본교)	생명과학과
	호남대학교	한방바이오학과
	호남대학교	바이오융합학과
경기도	가천대학교(글로벌캠퍼스)	생명과학과
	가톨릭대학교(본교)	생명과학전공
	가톨릭대학교(본교)	생명환경학부
	경기대학교(본교)	생명과학전공
	경기대학교(본교)	바이오융합학부
	대진대학교(본교)	생명과학전공
	대진대학교(본교)	생명화학부
	명지대학교(자연캠퍼스)	생명과학정보학과
	명지대학교(자연캠퍼스)	생명과학정보학부
	수원대학교(본교)	바이오싸이언스
	수원대학교(본교)	바이오화학산업학부
	수원대학교(본교)	생명과학과
	수원대학교(본교)	생명과학
	수원대학교(본교)	바이오공학및마케팅
	신경대학교(본교)	생명과학과
	아주대학교(본교)	생명과학과
	용인대학교(본교)	생명과학과
	차의과학대학교	의생명과학과
	한경대학교(본교)	식물생명환경과학과
	한양대학교(ERICA캠퍼스)	분자생명과학과

경기도	한양대학교(ERICA캠퍼스)	분자생명과학부
	협성대학교(본교)	생명과학과
강원도	가톨릭관동대학교(본교)	의생명과학과
	강릉원주대학교(본교)	해양분자생명과학과
	강릉원주대학교(본교)	식물생명과학과
	강원대학교(본교)	의생명공학과
	강원대학교(본교)	동물생명시스템전공
	강원대학교(본교)	의생명소재공학과
	강원대학교(본교)	의생명공학전공
	강원대학교(본교)	생물산업공학전공
	강원대학교(본교)	생명과학부
	강원대학교(본교)	의생명융합학부
	강원대학교(본교)	분자생명과학과
	강원대학교(본교)	생명과학과
	강원대학교(본교)	동물생명시스템학과
	강원대학교(본교)	분자생명과학전공
	상지대학교(본교)	생명과학과
	연세대학교(원주캠퍼스)	생명과학전공
	연세대학교(원주캠퍼스)	생명과학기술학부
	한림대학교(본교)	생명과학과
	한림대학교(본교)	산학협력특성화대학
충청북도	건국대학교(GLOCAL캠퍼스)	의생명화학과
	건국대학교(GLOCAL캠퍼스)	바이오의약학전공
	건국대학교(GLOCAL캠퍼스)	의생명화학전공
	건국대학교(GLOCAL캠퍼스)	바이오융합과학부
	중원대학교(본교)	의생명과학과
	중원대학교(본교)	의약화학과
	청주대학교(본교)	BT융합학부
	청주대학교(본교)	생명과학과
	충북대학교(본교)	생명과학부
	충북대학교(본교)	생명과학부 생물과학전공
충청남도	건양대학교(본교)	나노바이오화학과
	공주대학교(본교)	생명과학과
	공주대학교(본교)	생물산업공학부
	단국대학교(천안캠퍼스)	생명과학부
	단국대학교(천안캠퍼스)	생명과학과
	단국대학교(천안캠퍼스)	나노바이오의과학과
	상명대학교(천안캠퍼스)	의생명공학과

충청남도	선문대학교(본교)	의생명과학과
	순천향대학교(본교)	생명시스템학과
	순천향대학교(본교)	의료생명공학과
	중부대학교(본교)	바이오융합학부
	중부대학교(본교)	바이오의약공학전공
	한서대학교(본교)	바이오식품의과학과
	한서대학교(본교)	생명과학과
	호서대학교	생명과학과
전라북도	우석대학교(본교)	생명과학과
	우석대학교(본교)	에코바이오학과
	원광대학교(본교)	생명과학부
	원광대학교(본교)	생명환경학부
	전북대학교(본교)	생명과학부
	전북대학교(본교)	생명과학과
	전북대학교(본교)	생명과학부(생명과학전공)
전라남도	목포대학교(본교)	생명과학과
	전남대학교(여수캠퍼스)	식품·수산생명의학부
경상북도	경운대학교(본교)	보건바이오학과
	대구가톨릭대학교(효성캠퍼스)	식품생명제약공학부
	대구가톨릭대학교(효성캠퍼스)	의생명과학전공
	대구가톨릭대학교(효성캠퍼스)	생명화학전공
	대구가톨릭대학교(효성캠퍼스)	생명화학부
	대구대학교(경산캠퍼스)	생명과학과
	대구대학교(경산캠퍼스)	의생명과학과
	대구대학교(경산캠퍼스)	생명환경학부
	대구한의대학교(삼성캠퍼스)	화장품약리학전공
	대구한의대학교(삼성캠퍼스)	바이오산업융합학부
	대구한의대학교(삼성캠퍼스)	힐링산업학부
	동국대학교(경주캠퍼스)	생명신소재융합학부
	동국대학교(경주캠퍼스)	바이오학부
	동국대학교(경주캠퍼스)	생명과학전공
	동국대학교(경주캠퍼스)	의생명공학과
	동국대학교(경주캠퍼스)	의생명공학전공
	안동대학교(본교)	생명과학전공
	안동대학교(본교)	생명과학과
	영남대학교(본교)	분자생명과학전공
	영남대학교(본교)	나노메디컬유기재료공학과
	영남대학교(본교)	의생명공학과

경상북도	영남대학교(본교)	생명과학과
	포항공과대학교(본교)	생명과학과
	한동대학교(본교)	생명과학부
경상남도	경남대학교(본교)	바이오융합학부
	경상대학교	생명과학부
	인제대학교(본교)	생명과학부
	인제대학교(본교)	의생명화학과
	창원대학교(본교)	생명보건학부
제주특별자치도	제주대학교(본교)	응용생물산업학과
	제주대학교(본교)	생물산업학부

대기학 관련 학과

지역	대학명	학과명
서울특별시	연세대학교(신촌캠퍼스)	대기과학과
부산광역시	부산대학교	대기환경과학과
대구광역시	경북대학교(본교)	지구시스템과학부 천문대기과학전공
강원도	강릉원주대학교(본교)	대기환경과학과
충청남도	공주대학교(본교)	대기과학과

천문학 관련 학과

지역	대학명	학과명
서울특별시	서울대학교	물리·천문학부(천문학전공)
	서울대학교	물리·천문학부
	세종대학교(본교)	물리천문학과
	세종대학교(본교)	천문우주학전공/물리천문학부
	세종대학교(본교)	천문우주학과
	연세대학교(신촌캠퍼스)	천문대기과학과
	연세대학교(신촌캠퍼스)	천문우주학과
대전광역시	충남대학교(본교)	천문우주과학과
	충남대학교(본교)	천문우주과학전공
대구광역시	경북대학교(본교)	천문대기과학과
충청북도	충북대학교(본교)	천문우주학과

지리학 관련 학과

지역	대학명	학과명
서울특별시	건국대학교(서울캠퍼스)	지리학과
	경희대학교(본교-서울캠퍼스)	지리학과(자연계열)
	상명대학교(서울캠퍼스)	지리학과
	상명대학교(서울캠퍼스)	공간환경학부
	서울대학교	지리학과
	성신여자대학교(본교)	지리학과
부산광역시	신라대학교(본교)	지리학과
대구광역시	경북대학교(본교)	지리학과
광주광역시	전남대학교(광주캠퍼스)	지리학과
충청남도	공주대학교(본교)	지리학과

지질학 관련 학과

지역	대학명	학과명
부산광역시	부산대학교	지질환경과학과
대전광역시	충남대학교(본교)	지질환경과학과
	충남대학교(본교)	지질환경과학전공
대구광역시	경북대학교(본교)	지구시스템과학부 지질학전공
	경북대학교(본교)	지질학과
강원도	강원대학교(본교)	지질·지구물리학부
	강원대학교(본교)	지질학전공
	강원대학교(본교)	지질학과
충청남도	공주대학교(본교)	지질환경과학과
경상남도	경상대학교	지질과학과

자연과학 체험 프로그램

엑스사이언스 주관 프로그램

R&E프로그램

• 대상 : 고등학생, 대학생

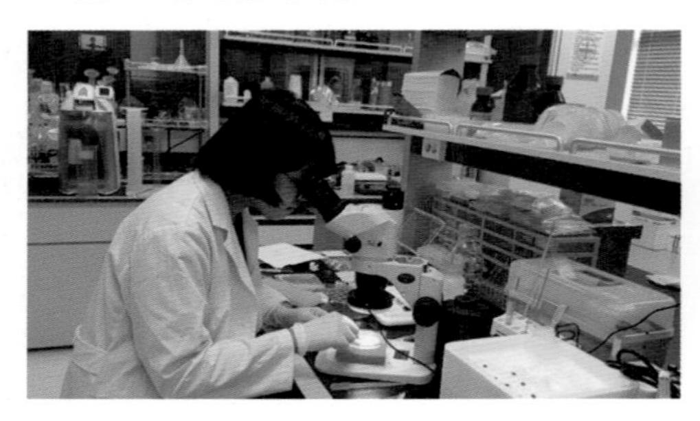

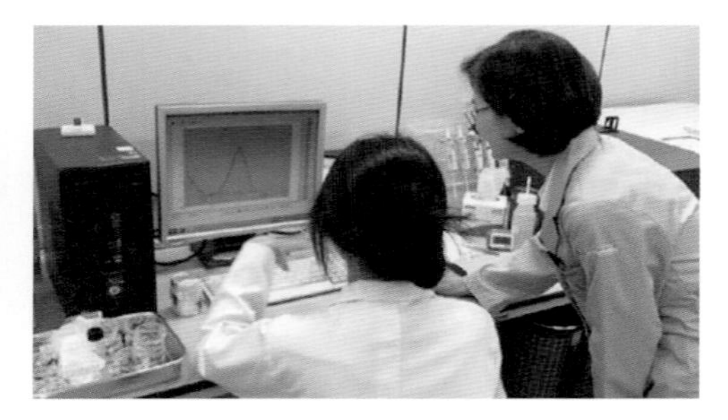

연구와 교육을 병행한 연구체험 프로그램이다. 청소년 및 이공계대학생들이 관심 있는 분야의 연구자와 함께 연구과정에 참여한다. 학생들은 8주 이상 연구원의 지도를 통해 주제선정, 연구 설계, 실험, 결론 도출, 보고서 작성을 하고, 전문가의 평가를 받는다.

인턴쉽프로그램

• 대상 : 고등학생, 대학생

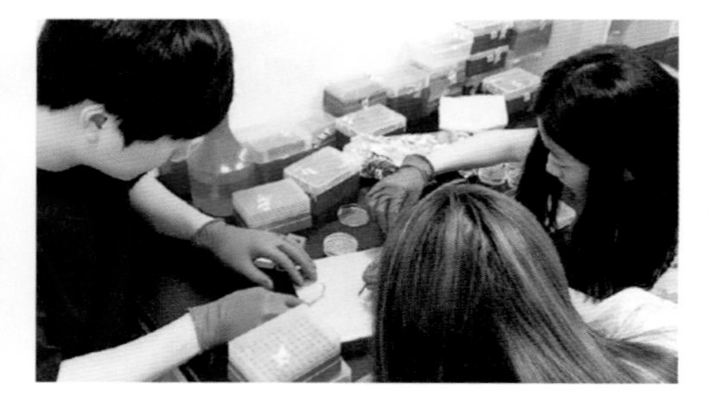

1주일 동안 학생 2~3명이 연구원과 함께 소주제의 프로젝트를 진행하고 결과보고서를 작성해 보는 프로젝트 연구를 수행함으로써 창의성과 탐구 능력의 신장을 목적으로 하는 프로그램이다.

일일과학자

• 대상 : 중학생, 고등학생

과학자들의 일상적인 연구 활동을 하루 동안 직접 체험해 볼 수 있는 프로그램으로, 관심 분야의 과학자(연구원) 1명과 학생 2~3명이 팀을 이루어 진행된다. 첨단 연구 장비의 직접 체험을 통해, 해당 연구 분야에 대한 이해와 관심을 고취시키고 과학기술 분야의 진로를 탐색해 볼 수 있는 프로그램이다.

미리보는 실험실

• 대상 : 초등학생, 중학생, 고등학생

KBSI의 실험실을 방문하여 현재 연구에 활용되고 있는 장비와 시설 등에 대해 연구원의 설명을 듣고 직접 체험하는 프로그램으로, 교육과정과 연계된 첨단기술 창의 활동이나 장비의 원리 및 분석기법 등을 다루는 과정을 포함한다.

과학자와의 만남

• 대상 : 초등학생, 중학생, 고등학생

KBSI 연구원과의 만남을 통해 과학자(연구원) 직업에 대한 이해를 돕고, 이공계 관련 진로탐색 기회를 제공하는 강연 프로그램이다.

초청·방문 과학교실

• 대상 : 초등학생, 중학생

과학기술 체험기회가 적은 지역의 청소년을 연구원으로 초청하여 연구 장비를 견학하고, 관련된 실험·실습을 체험하는 프로그램이다.

청소년 진로체험(자유학기제)

• 대상 : 중학생

연구원 직무를 학생들에게 소개하고 각 연구원들이 어떻게 일하고 있는지 현장을 직접 보여줌으로써 학생들에게 과학기술분야 진로 설정에 도움을 주는 프로그램이다.

출처 : 엑스사이언스

국립과학중앙관 주관 프로그램

교육프로그램

주말창의과학교실

대상 : 7세, 초등학생, 중학생
기간 : 3 ~ 11월 매주 토
비용 : 유료
신청방법 : 로그인 → 예약 → 교육예약 → 주말창의과학교실 → 신청 후 온라인 결제

과학적 사고력 개발을 위한 과학실험 중심 교육, 분야별 특화교육, 소프트웨어 및 AI 관련 교육을 진행한다. 창의과정과 특화과정 두 과정으로 나누어 진행하고 있다. 창의과정은 월 단위로 진행되며, 7세~ 초등학생까지 참여 가능하고, 특화과정은 3개월 단위로 진행되며, 초등학생~중학생까지 참여 가능하다. 각 과정의 강의 주제 및 계획은 홈페이지를 통해 확인할 수 있다.

방학과학교실

대상 : 7세, 초등학생, 초중고 교사
기간 : 여름 · 겨울 방학 중 화 ~ 금
비용 : 유료
신청방법 : 로그인 → 예약 → 교육예약 → 방학과학교실
→ 신청 후 온라인 결제

청소년들의 과학적 호기심을 자극하고 창의력 개발을 위해 방학기간 중 실시하는 과학 실험 수업이다. 기별 2시간씩 4일 동안 진행되며, 강의 주제 및 계획은 홈페이지를 통해 확인할 수 있다.

과학공방

대상 : 초등학생, 중학생, 고등학생, 성인
기간 : 토요일
비용 : 무료 (재료비 별도)
신청방법 : 온라인 예약
(매월 셋째 주 목요일 14:00 접수시작)

아이디어를 개발하고 구체화 할 수 있는 생활밀착형 공방 프로그램으로, 로봇·드론·아두이노·3D프린터 등 다양한 분야의 메이커 교육지원이 이루어진다.

과학캠프

방학과학캠프

대상 : 초등학교 고학년(4 ~ 6학년), 중학생
기간 : 방학 중(월 ~ 토) 1일 또는 2박 3일간
비용 : 유료
신청방법 : 온라인 접수

KAIST 멘토와 함께하는 팀 프로젝트형 과학캠프이다. 1일 과학캠프는 3가지 소주제 중 한 가지를 택하여 1일(6시간) 심층탐구를 하는 방식으로 진행된다. 원거리 학생들도 참여할 수 있도록 1일 과학체험캠프와 동일한 과정을 실시간 온라인캠프로 별도 운영하고 있다.

과학기술진로멘토링캠프

대상 : 초등학생, 중학생, 고등학생
기간 : 화 ~ 일 중 1일 또는 1박 2일간
비용 : 유료
신청방법 : 세종과학실험캠프 홈페이지에서 신청

교과 내 교육과 교과 외 창의적 체험활동을 KAIST 소속 연구 교수진 및 대덕특구 전문연구진 등과 함께 하는 진로탐구 프로그램이다. 진로지도강연, 창의실습, KAIST탐방 등의 프로그램으로 구성되어 있으며, 동식물로부터 DNA를 추출하거나 총알속력을 구하는 등 다양한 창의과학탐구활동 및 로봇 코딩, 아두이노 코딩, 드론 코딩 등 다양한 주제의 실험을 할 수 있다.

세종과학실험캠프

대상 : 고등학생
기간 : 주말 1박 2일
비용 : 유료
신청방법 : 세종과학실험캠프 홈페이지에서 신청

과학실험의 기획, 관찰, 결과 도출 과정을 겪으며 심층 토론으로 이어지는 융합형 프로그램을 통해 높은 수준의 과학 교육 제공한다. 의과학, 생명과학, 화학, 물리 4가지 분야에서 주어진 다양한 주제 중 한 가지씩 선택하여 4번의 창의실험을 한다.

특별전 및 행사

사이언스 데이

다양한 과학체험과 문화행사 등 과학콘텐츠를 통해 어린이, 청소년 그리고 가족이 함께 즐기는 체험형 과학축제이다.

수학 체험전

다양한 수학체험과 문화행사, 수학강연 등을 통해 어린이, 청소년 그리고 가족이 함께 즐기는 체험형 수학축제이다.

전국학생과학발명품경진대회

학생들의 창의적인 아이디어를 과학발명으로 실현하여 과학전 문제해결 능력을 기르고, 지속적인 발명활동을 장려하기 위해 개최하는 대회이다.

전국과학전람회

전 국민의 과학기술에 대한 심도 있는 연구 활동을 장려하여 과학에 대한 탐구심을 높이고 과학기술 발전에 이바지하기 위해 개최하는 대회이다.

출처: 국립중앙과학관

자연과학 관련 도서 및 영화

자연과학 관련 도서

내일은 실험왕(1~49권) / 스토리 a

초등학생들의 신나는 실험 이야기를 통해 과학 원리와 용어를 쉽고 재미있게 전달하는 실험 대결 만화이다. 주인공들이 펼치는 실험 대결을 통해 초등학교 고학년과 중학교 교과서에 수록된 다양한 과학 이론, 용어 및 원리를 설명한다. 특히 책과 함께 제공되는 '실험 키트'를 통해 책 속에서 다루는 과학 내용을 직접 실험해 볼 수 있다.

영화 속에 과학이 쏙쏙!! / 최원석

〈타이타닉〉, 〈고질라〉와 같은 다양한 영화를 통해 힘, 유전과 진화 등 여러 과학의 원리를 설명한다. 영화 속 장면을 사진과 함께 제시하며 숨겨진 과학의 원리와 잘못된 점을 지적하면서 자연스럽게 과학을 익힐 수 있도록 구성되어 있다.

하늘을 나는 물리의 서커스 / 절 워커

물리와 관련하여, 일상에서 호기심을 품었던 문제들과 우리도 모르게 이루어지는 일상의 법칙들을 설명한다. 물음을 던진 후 해답을 찾아가는 형식으로 구성되어 있으며, 이해를 돕기 위해 그림도 함께 실려 있다.

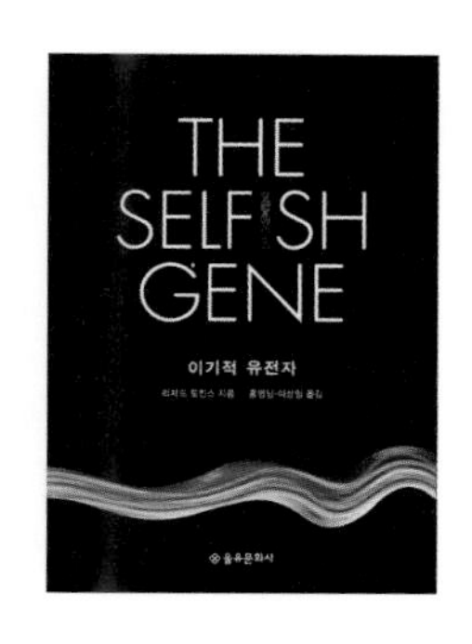

이기적 유전자 / 리처드 도킨스

조류 등 여러 동물들의 행동과 생활사들을 소개하며 그 동물들이 왜 그렇게 살고 있고 살 수밖에 없는지에 대해 설명한다. 앞부분에서는 개체의 특성을 결정하는 유전자의 특성과 자연선택 과정에 관해 설명하면서 생명의 기원과 진화를 다루고, 뒷부분에서는 동물과 인간의 행동생태를 설명하기 위해 이기적 행동과 이타적 행동의 의미, 개체 수 조절과 인구문제, 성 선택 이론을 유전자의 행동 양식에 초점을 맞추어 설명하고 있다.

우리를 둘러싼 바다 / 레이첼 카슨

바다의 탄생 및 생명의 출현과 환상적인 해양 세계 등 바다와 관련된 과학을 설명한다. 새로 생겨난 지구가 잔뜩 흐린 하늘 아래에서 냉각되어가는 과정, 대양저의 거대한 땅을 밀어올리면서 엄청난 산맥과 황량한 계곡을 만들어 내는 화산 활동, 수백 미터 아래에서 향유고래와 결투를 벌이는 대왕오징어 등 다양한 이야기가 실려 있다.

화학으로 이루어진 세상 / K. 메데페셀헤르만, F. 하마어, H-J.크바드베크제거

이 책은 과학저널리스트인 저자와 실용화학자가 하루 24시간 안에 일어나는 화학적 사건을 시간별로 추적하는 이야기이다. 아침의 샤워, 병원치료 등 일상적인 사건부터 음식, 옷, 자동차 등 현대 문명 속에 남아있는 화학의 양면성을 설명한다. 또, 화학이 없는 세계란 어떻게 변화하는지, 질병을 치료하는 화학물질과 보석, 마약과 합성수지 등 다양한 화학 이야기로 구성했다.

자연과학 관련 영화

인터스텔라

지난 20세기에 범한 잘못이 전 세계적인 식량 부족을 불러왔고, NASA도 해체되었다. 이때 시공간에 불가사의한 틈이 열리고, 남은 자들에게는 이 곳을 탐험해 인류를 구해야 하는 임무가 지워진다. 사랑하는 가족들을 뒤로 한 채 인류라는 더 큰 가족을 위해, 그들은 희망을 찾아 우주로 간다.

투모로우

기후학자인 잭 홀박사는 남극에서 빙하 코어를 탐사하던 중 지구에 이상변화가 일어날 것을 감지하고, 국제회의에서 지구의 기온 하락에 관한 연구발표를 하지만 비웃음만 당한 채 상사와의 갈등만 일으키게 된다. 얼마 후 퀴즈대회 참석을 위해 아들이 탄 뉴욕행 비행기가 이상난기류를 겪게 되고, 지구 곳곳에 이상기후 증세가 나타나게 된다. 잭은 백악관으로부터 중부지역사람들부터 이동시키라는 연락을 받게 되나 아들을 구하기 위해 북쪽 뉴욕으로 향한다.

마션

NASA 아레스3탐사대는 화성을 탐사하던 중 모래폭풍을 만나고 팀원 마크 와트니가 사망했다고 판단, 그를 남기고 떠난다. 극적으로 생존한 마크 와트니는 남은 식량과 기발한 재치로 화성에서 살아남을 방법을 찾으며 자신이 살아있음을 알리려 노력한다. 마침내, 자신이 살아있다는 사실을 지구에 알리게 된 마크 와트니 NASA는 총력을 기울여 마크 와트니를 구출하기 위해 노력하고, 아레스 3 탐사대 또한 그를 구출하기 위해 그들만의 방법을 찾는다.

월-E

텅 빈 지구에 홀로 남아 수백 년이란 시간을 잡동사니 수집만 하며 보내던 월-E가 매력적인 탐사 로봇 이브를 만나며 새로운 목표를 갖게 된다. 이브는 지구의 미래를 결정할 열쇠가 우연히 월-E의 손에 들어간 사실을 알게 되고, 고향별로 돌아갈 날만 애타게 기다리는 인간들에게 이를 보고하기 위해 서둘러 우주로 향하고, 월-E는 이브를 뒤쫓아간다.

아일랜드

지구상에 일어난 생태적인 재앙으로 인하여 일부만이 살아남은 21세기 중반. 유일한 생존자라 믿고 있는 링컨 6-에코와 조던 2- 델타는 수백 명의 주민과 함께 부족한 것 없는 유토피아에서 살아가고 있다. 이들은 지구에서 유일하게 오염되지 않은 희망의 땅 '아일랜드'에 추첨이 되어 뽑혀 가기를 바라고 있다. 그러나 링컨은 매일 같이 꾸는 악몽에 의해 이 곳 생활에 의문을 품게 된다. 그리고 곧, 이 곳 사람들은 모두 스폰서(인간)에게 장기와 신체부위를 제공한 복제인간이며, 아일랜드로 뽑혀가는 것은 신체부위를 제공하기 위해 죽음을 맞이하게 되는 것을 깨닫게 된다. 어느 날, 복제된 산모가 아이를 출산한 후 살해되고 장기를 추출당하며 살고 싶다고 절규하는 모습을 목격한 링컨은 아일랜드로 떠날 준비를 하던 조던과 탈출을 시도한다.

세기의 자연과학자

갈릴레오 갈릴레이

활동분야 : 천문학 ·물리학 ·수학

주요업적 : 진자의 등시성 발견, 관성법칙 발견, 지동설 지지

1574년 피렌체의 시민계급 출신으로 출생했다. 1579년 피렌체 교외의 바론브로사 수도원 부속학교에서 초등교육을 마치고, 1581년 피사대학 의학부에 입학하였는데, 이때 우연히 성당에 걸려 있는 램프가 흔들리는 것을 보고 진자의 등시성을 발견했다. 1592년 피사대학의 수학강사가 되었고, 같은 해 베네치아의 파도바대학으로 옮겨 천문학 및 수학을 가르쳤다. 1604년 <가속도운동에 관해서>를 통해 관성법칙이 발표되기에 앞서 그 개념을 발견했다. 1609년 망원경이 발명되었다는 소식을 듣고, 손수 망원경을 만들어 여러 천체의 관측을 하였고, 이를 근거로 코페르니쿠스의 지동설을 지지하였다. 지동설을 확립하려고 쓴 저서《프톨레마이오스와 코페르니쿠스의 2대 세계체계에 관한 대화》는 당시 이를 부정하던 교황청에 의해 금서로 지정되었으며, 이단행위로 재판을 받았다.

아이작 뉴턴

활동분야 : 물리학, 천문학

주요업적 : 만유인력법칙, 빛의 색 발견

1642년 영국 링컨셔 지역의 울즈소프라는 시골에서 출생했다. 12살부터 킹즈 스쿨에 다녔으며, 1661년 케임브리지 대학의 트리니티 칼리지에 입학하여 1665년 8월에 학사학위를 받고 졸업을 했다.

1666년 과수원의 사과나무 아래에서 졸다가 떨어진 사과로부터 만유인력법칙을 발견하여, 지구와 사과 사이에, 지구와 달 사이에, 태양과 목성 사이에 거리의 제곱에 반비례하는 인력이 작용한다는 점을 밝혔다. 그리고 이것과 자신의 3가지 운동법칙, 즉 관성의 법칙, 힘과 가속도의 법칙, 작용-반작용의 법칙을 결합해서 행성의 타원 운동 및 지상계와 천상계의 여러 운동들을 수학적으로 설명했다. 또한 1660년대부터 빛과 색깔에 대한 근대적인 이론을 주창했고, 이를 1704년『광학』에 집대성했다.

찰스 다윈

활동분야 : 생물학
주요저서 : 진화론

1809년 영국에서 출생했다. 1825년 에든버러대학에 입학하여 의학을 배웠으나 성격에 맞지 않아 중퇴하고, 1828년 케임브리지대학으로 전학하여 신학을 공부하였다.

1831년부터 1836년까지 해군측량선 비글호에 박물학자로서 승선하여, 남아메리카·남태평양의 여러 섬과 오스트레일리아 등지를 항해·탐사했다. 이 후 그 관찰내용을 기록한《비글호 항해기》를 통해 진화론의 기초를 확립하였고, 1859년《종의 기원》을 통해 진화 사상을 공표하였다. 그는 이 저서에서 개체 간에는 항상 경쟁이 일어나고, 자연의 힘으로 선택이 반복되면서 진화가 생긴다는 '자연선택설'을 설명하였다. 그가 말한 진화론은 사상의 혁신을 가져와 그 후의 자연관·세계관의 형성에 큰 영향을 끼쳤다.

마리 퀴리

활동분야 : 물리학, 화학
주요업적 : 방사성 원소인 폴로늄과 라듐 발견

1867년 폴란드의 바르샤바에서 출생했다. 10세 때 어머니를 잃고 17세 무렵부터 가정교사로 활동하며, 스스로 공부하였다. 폴란드와 독일에서는 여자가 대학에 들어갈 수 없었기 때문에 파리로 유학을 떠나 1891년 파리의 소르본 대학에 입학하였고, 가장 뛰어난 성적으로 졸업하였다. 1895년 피에르 퀴리와 결혼하여 프랑스 국적을 취득하였으며, 남편과 공동으로 연구 생활을 시작하였다.

남편과 함께 방사능 연구를 하여 최초의 방사성 원소 폴로늄과 라듐을 발견하였고, 이 발견으로 1903년 남편 피에르 퀴리와 공동으로 노벨물리학상을 수상하였다. 1906년 남편이 마차에 치어 사망한 후에는 남편의 후임으로 소르본 대학 교수가 되었고, 꾸준히 방사능에 대해 연구하며 1911년에는 노벨 화학상도 수상하였다.

알버트 아인슈타인

활동분야 : 이론물리학

주요수상 : 광양자설, 브라운운동의이론, 상대성이론

1879년 독일 바덴 뷔르템베르크 주의 울름에서 유대인으로 출생했다. 청소년기에 수학과 물리학에 취미를 가졌고, 아라우(Aarau)에 있는 주립학교로 진학하여 과학수업에 흥미를 느꼈다. 대학에서는 고전 물리학에 염증을 느끼고 다양한 이론 물리학자들의 저서를 읽으며 혼자서 공부하였다. 1901년 대학을 졸업하고, 베른 특허국의 관리 자리를 얻어 5년간 근무하며 발명품을 검사하지 않을 때에는 항상 물리학을 연구했다.

광양자설, 브라운운동의 이론, 특수상대성이론을 연구하여 1905년에 발표하였으며, 1916년 일반상대성이론을 발표하였다. 미국의 원자폭탄 연구인 맨해튼계획의 시초를 이루었으며, 통일장이론을 더욱 발전시켰다. 이 후 광전효과 연구와 이론물리학에 기여한 업적으로 1921년 노벨물리학상을 수상하였다.

레이첼 카슨

활동분야 : 해양생물학

주요저서 : 《침묵의 봄》, 《우리를 둘러싼 바다》

1907년 5월 27일 미국 펜실베이니아주 스프링데일에서 태어났다. 1925년 펜실베이니아 여자대학교에 입학하여 생물학을 전공했다. 1929년 대학을 졸업하고 우즈홀 해양생물연구소의 하계 장학생이 된 뒤 존스홉킨스대학교에 입학하여 1932년 동물학 석사학위를 받았다. 1935년부터 해양생물에 관한 라디오 프로그램 원고를 썼고, 이를 계기로 1936년부터 1952년까지 16년 동안 어류야생생물청에서 근무했다.

해양 자연사와 관련하여 《해풍 아래》(1941)와 《우리를 둘러싼 바다》(1951)를 출판하였고, 1955년 북아메리카 해변의 자연사를 다룬 《바닷가》를 출판해 베스트셀러 작가가 되었다. 1956년에는 합성살충제의 오염 문제를 다룬 《침묵의 봄》을 출판하였고, 이는 환경운동에 영향을 끼쳤다. 이를 계기로 1964년 56세의 나이로 사망한 후, 1980년 정부로부터 자유훈장을 받았다.

생생 인터뷰 후기

과학 분야를 좋아하며, 과학자의 꿈을 키우고 있는 학생들이 많이 있지만, 정작 그들에게 필요한 정보는 턱없이 부족한 상황이죠. 이러한 학생들에게 도움을 주고자 이 책을 출판하려고 했습니다. 그리고 이러한 취지에 동감하신 자연과학연구원 여섯 분께서 이 책에 참여해주셨습니다.

생각보다 길어진 작업과 많은 추가요청 사항에도 흔쾌히 답변해주시며 또 다른 추가 요청 사항이 있으면 언제든지 연락을 달라며 힘을 주셨기에 「자연과학연구원 어떻게 되었을까?」가 출판될 수 있었습니다. 그래서 이 책을 준비하는 과정에서 인터뷰에 도움을 주신 여섯 분의 연구원 분들께 감사를 표합니다.

자연과학이 워낙에 넓은 분야이다 보니, 고등학교 때 배우는 물리, 화학, 생물, 지구과학을 중점으로 인터뷰를 나눠보았습니다. 각 분야에서 열심히 연구하시는 연구원분들을 만나니 저도 고등학교 때 공부했던 기억들이 새록새록 떠오르긴 했었습니다. 물론 과학이라는 분야가 공부가 쉽지 않았다는 기억도 떠올랐죠. 그래서 자연과학연구원은 공부도 잘해야 하고, 머리도 좋아야 한다는 선입견도 있었습니다.

하지만 인터뷰를 하면서 연구원님들이 이 선입견에 대해 공통적으로 이야기한 것이 있어 그것들을 정리해보려고 합니다.

#왜? #호기심

첫 번째로 학창시절의 이야기를 들어보니, 항상 '왜?'라는 생각을 많이 하셨더군요. '이건 왜 이렇게 될까?', '왜 그런 결과가 나왔지?'라고 말하며, 머릿속이 호기심으로 가득 차있었다고 합니다.

#끈기 #노력 #열정

계속 생기는 호기심을 해결하기 위해서는 노력이 필요하다고 말합니다. 자료를 찾아보거나, 실제로 실험을 해보는 열정이 필요하다는 거죠. 하지만 그 결과를 내기 위해서는 어려움이 있을 수도 있을 겁니다. 그 과정을 끈기 있게 이겨내다 보면, 훌륭한 과학자가 되어있을 것이라고 합니다.

여러분이 지금 이 책을 통해 각 분야 연구원분들의 이야기를 듣고, 자연과학연구원이 되고 싶다고 마음을 먹었다면, 그 감정을 계속 기억해주세요. 자연과학연구원이 되는 과정이 쉽지는 않지만 호기심, 노력, 끈기만 있으면 누구나 자연과학연구원이 될 수 있으니까요.

#물리학박사 #윤미영교수님

#생명과학자 #홍세미연구원님

#천문학자 #강성주박사님

#해양생물학자 #김일훈박사님

#화학자 #한지수박사님